Ansible 構成管理入門

はじめよう Infrastructure as Code

山本 小太郎 著
YAMAMOTO Kotaro

技術評論社

はじめに

なぜAnsibleか

近年、Infrastructure as Codeと呼ばれるジャンルの技術が大きく取り上げられています。Infrastructure as Codeとは、「ITインフラをソースコードで定義する」技術の総称で、ソースコードに定義された情報に従って、サーバやその上で動作するソフトウェアを自動で構成できます。

ITサービス・システム提供の高速化が求められる中、構築を自動化する構成管理ツールの必要性は日に日に高まっています。しかし、構成管理ツールの多くは「専用エージェントが必要」「プログラミング言語で記述する必要がある」など、導入までのハードルが高いものと考えられていました。

そこで登場したのが、本書で紹介しているAnsibleです。Ansibleは数ある構成管理ツールの中でも、非常にシンプルで、非プログラマにも理解しやすく、さまざまなプラットフォームに対応する拡張性の高さを備えています。2015年のRed Hat社による買収を経て、今やITインフラの自動化ツールとして最もメジャーなソフトウェアになったといっても過言ではありません。新機能も続々と追加されており、Ansibleの使い方を身につけておけば、今後も幅広いシーンでのITインフラ構築自動化に対応できるでしょう。

読者対象と本書の目的

本書は、構成管理ツールを初めて使用する方や、現在ほかの構成管理ツールを使用しているがAnsibleを使用してみたいと考えている方を対象として、Ansibleを使用した基本的な構成管理の手法を身につけていただくことを目的としています。本書の内容を一通り読んでいただければ、複数のサーバで構成されたシステムも、Ansibleを利用してシンプルに構成管理できるようになるでしょう。

目次 contents

第1章

Ansibleとは何か

本章では、Ansibleという構成管理ツールの概要を解説します。Ansibleがほかの類似ツールと比較してどのような特徴を持っているのか、どういったユースケースに対して有効なのかについても触れていきます。

1.1 構成管理ツールとは

構成管理ツール（もしくはプロビジョニングツール）とは、サーバの構築を自動化するツールの総称です。

あなたがあるサービスやシステムを動かそうとするとき、サーバ上のOSに必要なパッケージをインストールし、設定ファイルを配置、開発したプログラムを配置したうえで、サービスを起動する、という手順を踏まなければなりません。構成管理ツールが使用されるようになるまで、このような構築作業は、サーバにログインして手順書に従ってコマンドをひとつひとつ入力していくか、シェルスクリプトやバッチファイルなどに構築する処理を記述する形式が一般的でした。

しかし、これらの方式でサーバ構築を行おうとすると、さまざまな問題が発生します。

手作業でコマンドを打ち込んでいく形式では、多くの場合、手順書を作成することによって期待したとおりの環境が構築されることを担保すると思います。しかし、手順書には人によって解釈の違いが発生します。自然言語で記載されている場合はもちろん、実行するコマンドのサンプルが記載されている場合であっても、可変値となっている箇所を書き換えずにコマンドをコピー＆ペーストしてしまったり、タイプミスをしてしまったりと人為的なミスを防ぐことができず、環境に大きな問題を引き起こすこともあります。

シェルスクリプトなどを用いてインストールを自動化しても、完全に問題が解決するわけではありません。インストール直後のクリーンな環境であればうまくいくスクリプトでも、すでにインストール済みの環境をアップグレードする際や、人が手で設定を書き換えてしまったときには、想定どおりに動作しないケースがあります。スクリプト内でそのような条件判断を行って対応することもできますが、スクリプトが非常に複雑になり、メンテナンスも困難になるでしょう。

構成管理ツールは、サーバの構築・運用に関わるこれらの課題を解決することを目的としています。構成管理ツールにもいくつか種類がありますが、多くのツールに共通する機能・特徴としては次のようなものがあります。

- サーバに遠隔でパッケージをインストールする、設定ファイルを配置する、コマンドを実行する、などの機能を持つ
- 実行するTask（Ansibleにおける1つの変更単位）をツール独自の書式であらかじめコードとして定義しておくため、コマンド一発で実行可能
- 冪等性（何度適用しても結果が同じになる性質）を持つため、上書きでの適用が可能
- リモートのマシンから複数の管理対象サーバに対して一括での設定変更が可能

本書で紹介するAnsibleも、これらの機能を備えた構成管理ツールの1つです。

1.2 Ansibleの特徴

Ansibleは、構成管理ツールの1つです。構成管理ツールといえばChefやPuppetが有名で、Ansibleは比較的新しい部類に入りますが、2012年のリリース以降、急速に利用者が増加しています。

Ansibleは次の3つの特徴を持っています。

設定をYAMLで記述できる

AnsibleはInfrastructure as Code（ITインフラをソースコードで定義する技術の総称）の一種で、サーバに期待する状態をYAML形式で記述します。YAMLはJSONやXMLと同じくデータ構造を記述できる言語で、シンプルなフォーマットで配列や階層構造を表現できます。

YAMLで記述できるので、Rubyなどのプログラミング言語で記述するChefやPuppetといった構成管理ツールと比較して、非プログラマにとっても扱いやすいツールとなっています。また、YAMLによるPlaybook[注1]の記述形式は、実行する順番にTaskを上から列挙していくだけですので、実行順序が明確です。ドキュメントベースで書かれた手順書からの移行も容易であり、Playbook自体を手順書として扱えるほど可読性の高い記述が可能であることも大きなメリットです。

注1　Ansibleで実行するTaskを記述したファイルのこと

管理対象サーバにエージェントのインストールが不要

AnsibleはPythonで実装されており、実行時にSSHで対象サーバにログインし、Pythonスクリプトを送り込んで実行させることによりサーバの構成管理を実現します。

Pythonは近年のLinux系OSであれば最初からインストールされているため、SSHでログインできるようになってさえいれば、サーバをすぐにAnsibleの管理対象に加えることができます。送り込んだスクリプトは実行終了後に削除されるため、セキュリティ要件により対象サーバにエージェントのインストールができないシステムで使う際にも、Ansibleは非常に有効です。

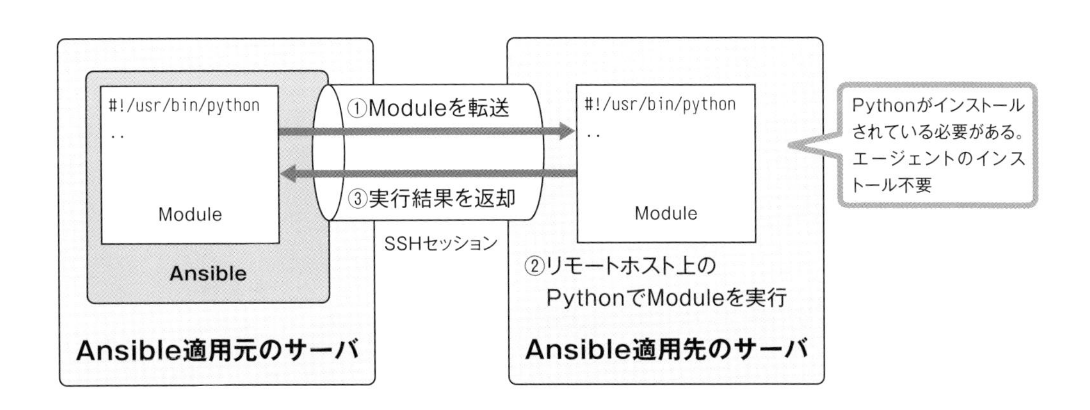

冪等性がある

AnsibleにはModuleと呼ばれる多数のスクリプトが組み込まれており、1つのModuleを起動する形でサーバに対する1つの変更を実行します。Moduleの中には、パッケージをインストールする、ファイルをダウンロードする、ファイルを書き換える、ユーザを作成する、サービスを起動／停止するなどさまざまな機能に対応したものがあります。これらの多くは冪等性が担保されています。たとえばパッケージをインストールするModuleであれば、指定したパッケージがインストールされていなければインストールし、すでにインストールされていれば何も行いません。シェルスクリプトで実行するときのように、if文などを使って「インストールされていなければインストールする」のような処理を書く必要もなく、「インストールされていること」という記述をすれば、初回の実行も、一度インストールしたあとの2回目の実行も、結果が同じになります。

一方で、ほかの構成管理ツールと比べてAnsibleが苦手とする領域も存在します。それは、複雑な分岐／ループ処理や、コマンドの実行結果の文字列処理など、プログラミング言語向きの処理です。なお、書き方が少し複雑になるというだけで、Ansibleでは不可能というわけではありません。これらの処理の書き方は、4章「複雑なPlaybookの作り方」で紹介します。

メリット、デメリットはありますが、Ansibleは総じて扱いやすくシンプルなツールといえるでしょう。とくに、構成管理ツールを初めて使用する方には導入の敷居も低く、お勧めできます。

1.3 Ansibleの使い道

サーバ構築

Ansibleを使うケースとして最も多いのが、システムを構築する際のサーバのセットアップだと思います。

システムを構築しようとすると、アプリケーションを実行するためのサーバ、データベースサーバ、Webサーバなど、多種多様のサーバをセットアップし、それらを互いに連携させて動作させる必要があります。Ansibleを用いることで、あるサーバに対する一連の処理（パッケージインストール、設定の配置、プロセス起動など）を自動化することはもちろん、複数のサーバ間で実行順を制御したり、ほかのサーバの情報を参照してアプリケーションの設定を行ったりといった協調動作をわかりやすい書式で記述、自動化できます。

サーバの運用・維持管理

Ansibleで構築を行っていないサーバでも、運用・維持管理目的だけのためにAnsibleを活用できます。たとえば、運用中のサーバ100台にセキュリティパッチを当てたいというケースや、あるプロセスをまとめて再起動したいというようなケースです。

Ansibleは対象サーバにエージェントのインストールが不要であり、SSHでの接続さえできれば良いので、既存のサーバに対して一括で何かを実行したいというケースにおいても相性が良いのです。管理対象のサーバが今どのような状態にあるかわからない場合におけるセキュリティパッチなどについても、各サーバで統一されていないパッケージのバージョンを一括で最新版や指定のバージョンにそろえる処理を、大量のサーバに対して1コマンド数秒で実施できます。Ansibleの大部分の処理は冪等性があるため、インストール済みのバージョンをチェックして分岐させるといった処理を意識する必要もありません。

継続的インテグレーション

継続的インテグレーション（Continuous Integration：CI）とは、ソフトウェア開発の品質・速度を向上させるために考え出されたアプローチの1つです。

旧来のソフトウェア開発手法では、数ヵ月〜数年単位で機能のリリース時期を定め、長いスパンで設計→実装→テストの順に実施していくというやり方が一般的でした。しかし、こうした開発手法では、大量の変更が加えられたソフトウェアを開発期間の終盤でまとめてテストするため、想定したとおりに動作しないことが多く、テストの結果NGとなってバグ対処に追われるという問題がよく発生します。

継続的インテグレーションでは、このような問題が発生しないように、開発期間の最中から常にテストを回し続けるというアプローチを取ります。開発者は機能を実装したら必ずユニットテストコードを同時にコミットし、Jenkinsを始めとしたCIツールを使用して自動でテストを行います。そして、テストを通過したコードのみをリモートリポジトリ上にある開発版のブランチに合流させていくというプロセスを取ることで、バグの混入をある程度防ぐことが可能になります。

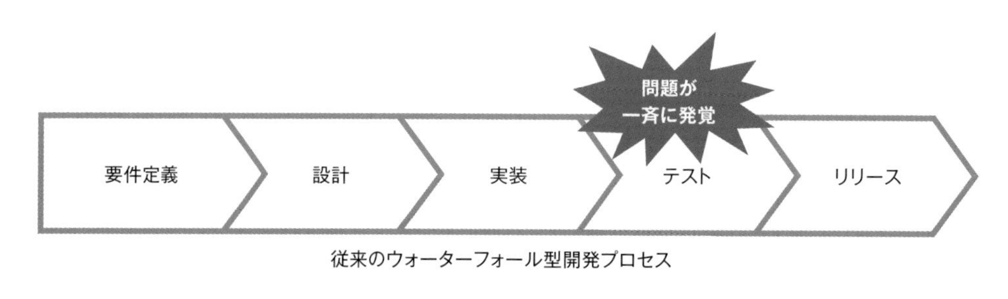

従来のウォーターフォール型開発プロセス

継続的インテグレーションを導入した開発プロセス

しかし、ユニットテストをベースとしたCIでは防ぎきれない問題も少なくありません。本番環境で発生する問題の多くは、こちらのパターンです。

複数のアプリケーション間におけるインターフェースの誤りや、動作しているミドルウェアとの連携において問題が起きるケースなどは、実装したコードのユニットテストを通過させるだけでは、正しく動作することを担保できません。そのため、ある程度大規模なシステム開発でCIを行う場合、結合テスト、それも本番環境に近い環境を使用したユーザのユースケースに近いシナリオテストを、いかにして自動化するかという部分が課題になります。

ユニットテストのみの自動化であれば、CIサーバ上でテストコードを実行するだけで済むでしょう。RubyやPythonなどのプログラム実行環境さえ用意できていれば、多くの場合、ユニットテストは実行できます。しかし、結合テストを実行しようとするとそうはいきません。本番と同じ数のサーバを用意し、ミドルウェアなどのセットアップも行い、アプリケーションもテストプログラムを実行させるのではなく、本番と同様のプロセスを起動しておく必要があります。そして、以前のテストで環境に変更が加えられたせいでテスト結果が変わってしまうことのないように、毎回正規の手順で構築した「きれいな」環境上でテストを流すという一連のフローを自動化する必要があります。

AnsibleとCIツールを組み合わせると、テスト環境を最新のソースコードで毎回初期化して構築しなおすという手順を自動化できます。

AnsibleのPlaybookと呼ばれるスクリプトは、環境ごとに違うIPアドレスなどの値を変数としてファイルに切り出す機能があるので、テスト環境用の変数ファイルを用意しておけば本番環境とまったく同じ手順でテスト環境を構築できます。1日に1回、仮想マシン（以降VM）を以前のスナップショットに戻し、Ansibleを適用、構築された環境上でシナリオテストを流すというフローを自動化しておきます。これによって、ユニットテストでは担保しきれない複数コンポーネントの連携で発生する問題にも早期に気づくことができ、開発終盤の結合テストや総合テストで大きな問題が発覚するのを未然に防ぐことができます。

CIで結合テストの環境を構築することのメリットはもう1つあります。それは、Ansibleを利用した構築自体のテストも同時に行えるということです。ソフトウェアを開発している場合、ソフトウェアのテストは十分に行われていても、構築手順の検証が不十分で、いざ本番環境にアプリケーションをデプロイしようとしたら失敗してしまうということもあります。

テスト環境で動作確認済みのAnsibleをそのまま使うことができれば、本番環境の構築で失敗する確率も大幅に減らすことができるでしょう。

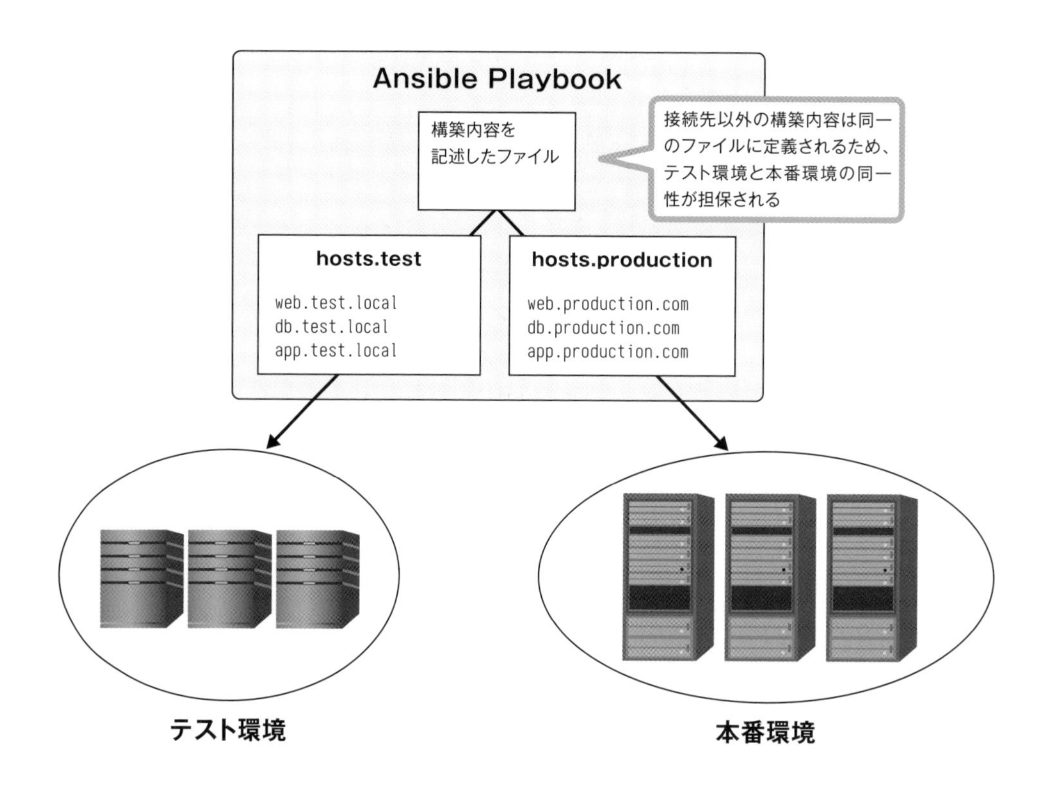

継続的デリバリー

継続的インテグレーションをさらに進化させたプロセスが継続的デリバリー（Continuous Delivery：CD）です。継続的デリバリーとは、テストの自動化を行うだけでなく、テスト環境で正常性が確認できたアプリケーションを本番環境に自動的にリリースしていく仕組みのことです。

近年のWebサービスを始めとした変化の早い業界では、競合他社の動向やユーザのフィードバックにいかに早く対応するかがビジネスの要になります。新しい機能を開発しても、リリースされるのが半年後では、すでにその機能は時代遅れになっていることすらあります。

こうした業界の変化に対応するため、サービス提供企業はいかに早く本番環境に新しい機能を提供し続けるかが課題となります。しかし、旧来のシステム開発のように手順書を書いて何時間ものメンテナンスタイムを取って人がアプリケーションを更新するというやり方では、とてもではありませんが短いスパンでのリリースには耐えられません。そこで、本番環境と限りなく近いテスト環境でテストされた資材を、本番環境に迅速にリリースする仕組みが必要となります。

AnsibleとCIツールを利用することで、テスト環境でデプロイの検証まで行えるため、テストを通った資材をそのまま本番環境にデプロイするということも可能になります。Web系の企業などではこの仕組みを自動化し、1日に何度も本番環境のアプリケーションを更新しているところもあります。

第2章

Ansibleを使ってみよう

本章では、Ansibleを使うための演習用の環境のセットアップおよび、基本的なAnsibleの使い方を解説していきます。

2.1 環境の構築

OSのインストール

まずはAnsibleを使うために必要なOSのインストールを行います。Ansibleの実行には、Pythonが利用可能なLinux、もしくはUnix系のOSが必要です。すでに利用しているOS環境をお持ちの方であれば、ここはスキップしていただいて問題ありません。

なお、本書の演習ではAnsible適用先のサーバとして複数のVMを起動します。そのため、Ansible適用元の実行環境は物理マシンか、もしくはNested Virtualization（VMの中でさらにVMを起動すること）が有効なVMである必要があります。

もしOSを新しくインストールして仮想環境を立ち上げるのに十分なスペックのマシンがない場合や、手持ちのマシンがWindowsしかない場合などは、Ansible適用元をVMで用意する手順をP.31で解説しますので、本節の「VirtualBoxとVagrantのインストール」から読み進めてください。

本書ではAnsibleの実行環境としてUbuntu 16.04を例に解説していきます。もしCentOSやRed Hat Enterprise Linux（以降RHEL）などのOS環境をすでにお持ちで、そのまま利用される場合は、OSの差分を適宜読み替えて（aptコマンド→yumコマンドなど）実行してください。

まずは、Ubuntu 16.04のインストーラCDイメージをダウンロードしましょう。Ubuntuのインストーラは公式サイト[注1]からダウンロードできます。日本語環境を利用したい場合は、Ubuntu Japanese Teamのページ[注2]から日本語化済みのイメージを入手できます。「Download」

注1　https://www.ubuntu.com/download/desktop
注2　https://www.ubuntulinux.jp/download/ja-remix

ボタンをクリックしてisoイメージをダウンロードしてください。isoイメージのダウンロードが完了したら、物理マシンにインストールする場合はDVDにisoイメージを書き込み、ドライブに挿入して起動します。VM上で環境を構築する場合は新規VMを作成し、インストールイメージにダウンロードしたisoファイルを指定してVMを起動します。VMで環境を構築する場合、仮想化ソフトウェアのVM設定でネストされた仮想化を有効化するのを忘れないでください。

起動すると、Ubuntuのインストーラ画面が立ち上がります。メニュー表示の言語を選択して Enter を押してください。

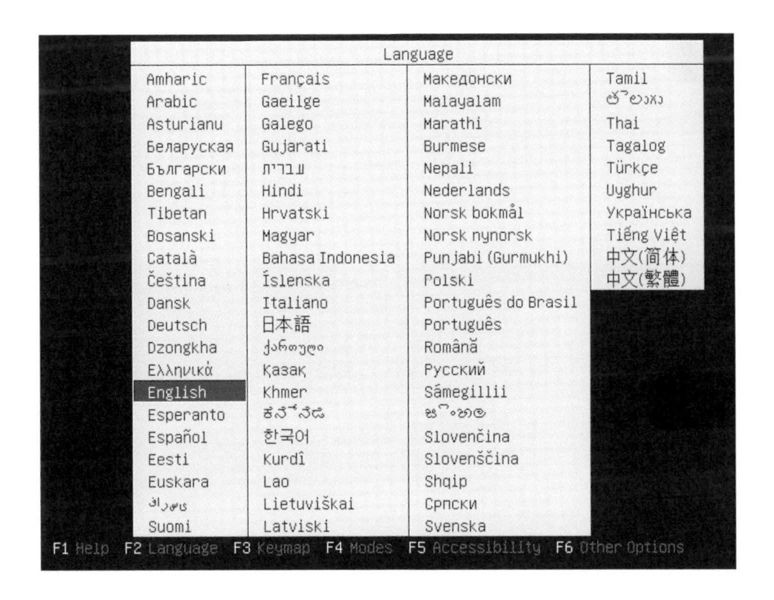

Install Ubuntu を選択して Enter を押し、インストールを開始します。

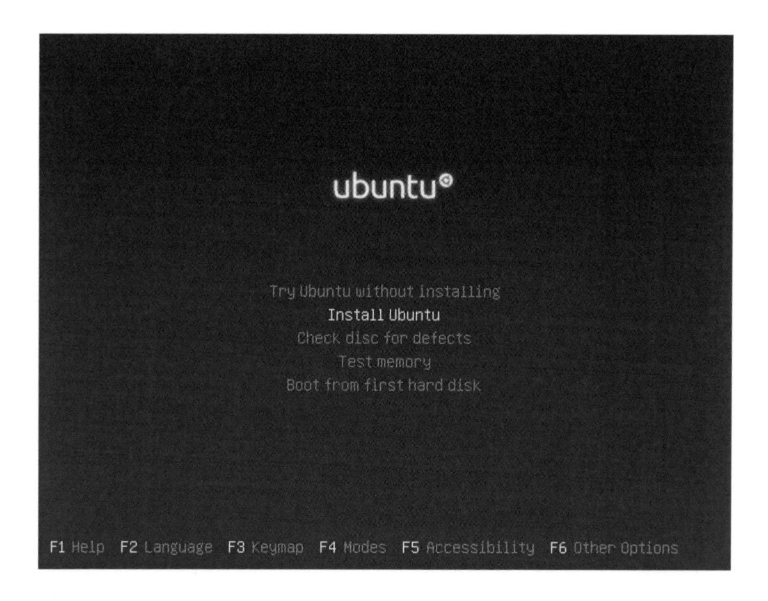

再度言語の選択画面になります。お好きな言語を選択して「続ける」をクリックします。

「Ubuntuのインストール中にアップデートをダウンロードする」にチェックを入れて「続ける」をクリックします。これにより、インストール中にパッケージを最新の状態に更新してくれます。

演習用の環境を新しく用意できる場合は、「ディスクを削除してUbuntuをインストール」を選択して「インストール」をクリックします。これにより、対象マシンのハードディスクはすべて初期化されてUbuntuがインストールされます。既存のOSを残したままデュアルブートで演習用のOSをインストールする場合は、「それ以外」を選択して、空き領域にUbuntuをインストールするように設定してください。

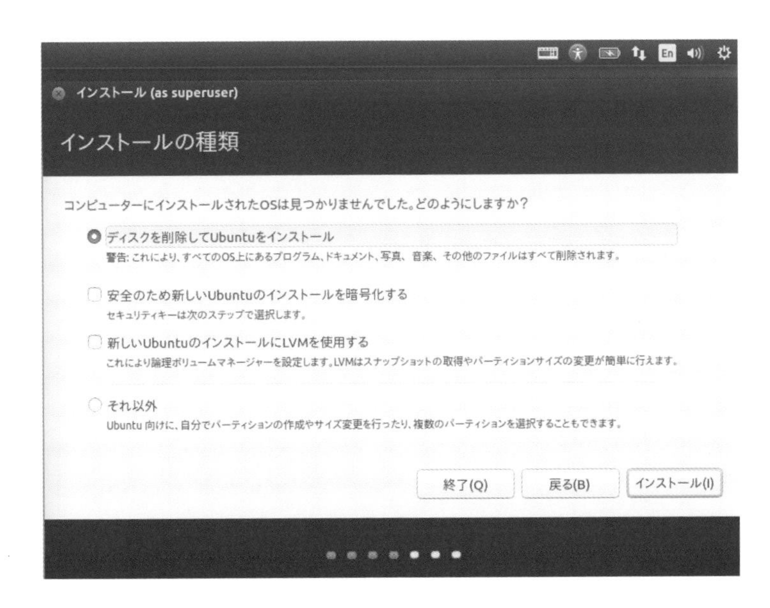

タイムゾーンとキーボード選択の画面が現れます。日本にお住まいであればタイムゾーンは「Tokyo」を、キーボードは「日本語」もしくは「英語」のキーボードを利用されている方が多いでしょう。ご自身の環境に合った値を選択して「続ける」をクリックします。

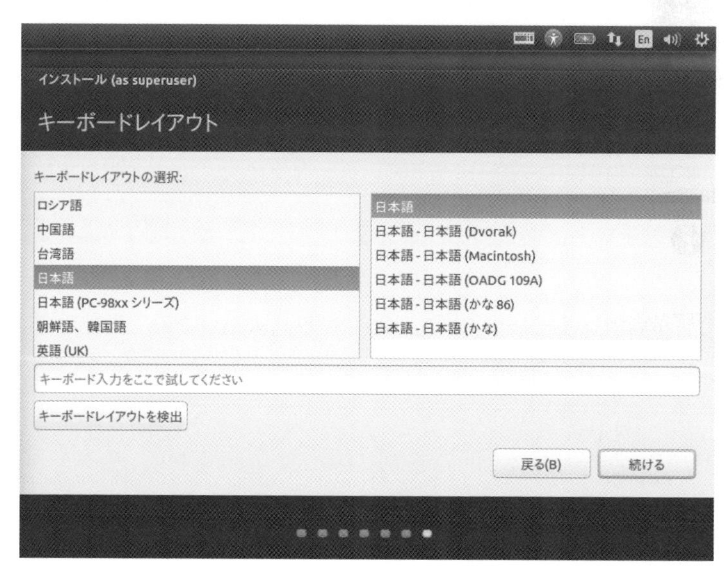

OSで使用するユーザ名、パスワード、コンピューターのホスト名を設定します。

あとは自動でインストールが行われ、再起動を促す画面が出てきます。「今すぐ再起動する」をクリックし、DVDを取り除いて Enter を押してください。

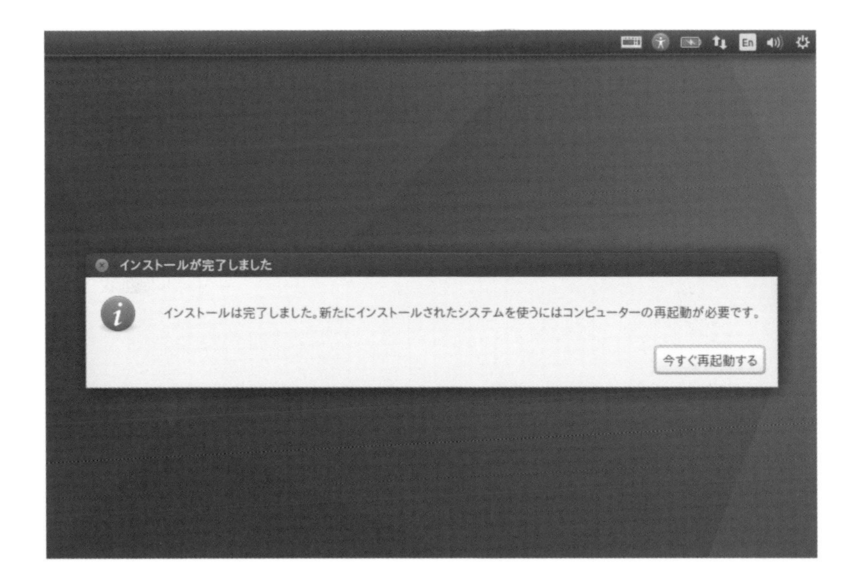

再起動が完了すると、Ubuntuのログイン画面が立ち上がってきます。先ほど設定したユーザのパスワードを入力し、デスクトップにログインします。

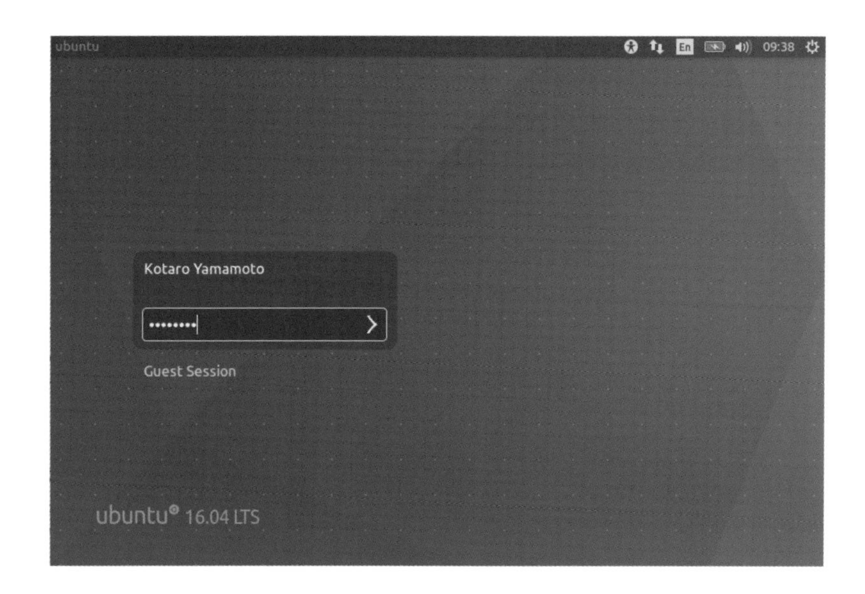

ログインが完了したら、ターミナルを起動しましょう。左上のメニューをクリックして（またはキーボードのWindowsキーを押して）検索画面を開き、「gnome-terminal」と入力して Enter を押します。

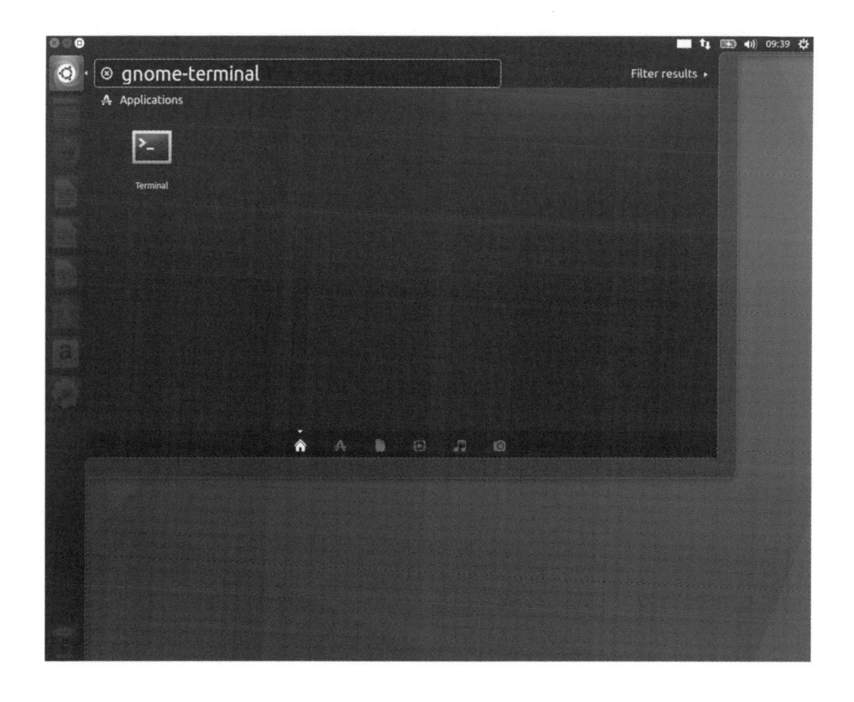

これでターミナルが起動し、Ansibleの実行環境を構築する準備ができました。以降の操作はこのターミナル上で実行するコマンドを記載していきます。

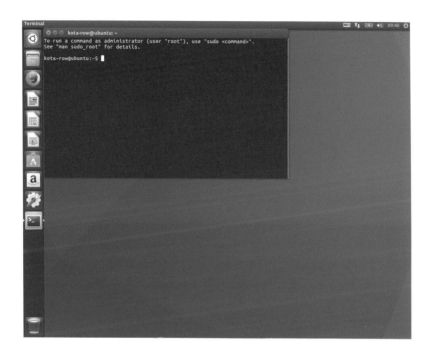

Gitのインストール

本書では、AnsibleのPlaybookのソースコード管理にGitを使用しています。Gitはソースコードのバージョン管理ツールの1つで、近年のソフトウェア開発では最も多く利用されているツールです。

AnsibleはInfrastructure as Codeを実現するツールの一種であることを1章で説明しましたが、「ITインフラの構成をソースコードで管理する」という性質上、ソースコードのバージョン管理は必須といえます。本書で使用している演習用のAnsibleのコードも、Gitで管理されたものを配布しています。

まずは、apt-getコマンドでGitをインストールしましょう。

```
$ sudo apt-get -y install git
```

インストールが完了したら、Gitの初期設定を行います。Gitの初期設定として最低限必要となるのは、変更を加えたときに変更履歴に保存されるユーザ名とE-mailの設定です。次のように入力して、Gitの設定を行ってください。

```
$ git config --global user.name "<あなたの名前>"
$ git config --global user.email "<あなたのメールアドレス>"
```

Python環境のセットアップ

AnsibleはPythonで実装されており、まずはPythonが実行できる環境を整える必要があります。といっても、近年のLinux系OSであれば、ほとんどのディストリビューションで最初からPythonはインストールされています。Pythonがインストールされているかどうかは、以下のコマンドで確認できます。

```
$ python --version
Python 2.7.12
```

バージョンが表示されればPythonは正しくインストールされています。もし、次のように表示された場合、Pythonがインストールされていないので、apt-getコマンドでインストールしてください。

```
$ python --version
python: command not found
```

↓

```
$ sudo apt-get -y install python
```

次に、Pythonのパッケージ管理ツールであるpipをインストールします。pipはインターネット上でPythonのライブラリを公開できるツールで、Ansibleもpipで公開されています。

pipを使うことで、依存パッケージのインストールやビルドを自分で行うことなく、必要なPythonのパッケージを一括でインストールできます。

また、pipでAnsibleをビルドする際、OpenSSLのライブラリが必要になるため、libssl-devパッケージを合わせてインストールしておきます。


```
$ sudo apt-get -y install python-pip libssl-dev
```

Ansibleを実行するためには、Python 2.7系のバージョンが必要となります。2017年2月時点でリリースされているAnsible 2.2では、Python 3には対応していません。現在、メジャーなLinuxディストリビューションにはPython 2.7系がインストールされていますが、今後Python 3系のバージョンがデフォルトに設定されたディストリビューションがリリースされることも考えられます。

`python --version`コマンドでPython 3系のバージョンが表示されたり、インストールコマンドでPython 3系がインストールされてしまう場合は、`python 2.7`パッケージを指定してインストールすることでAnsibleが利用可能になります。

Ansibleのインストールと演習用リポジトリのセットアップ

では、いよいよAnsibleのインストールに進みましょう。Ansibleはpipコマンドで`pip install ansible`のように入力すればすぐにインストールできますが、直接インストールするのではなく、まず演習用のAnsible Playbookを格納したGitリポジトリのセットアップを行いましょう。なぜAnsibleを先にインストールしないのかというと、インストールするAnsibleはPlaybookのリポジトリで管理されているバージョンを使うべきだからです。

AnsibleはOSS（Open Source Software）です。そのため、ある日突然バージョンアップにより仕様が変更され、これまで動いていたPlaybookが最新版では動かなくなるということもあります。とくにAnsibleは頻繁に更新されており、数ヵ月程度のスパンで大規模な更新が行われます。開発コミュニティでも後方互換を保とうと努力はされていますが、それでもAnsible 1.9から2.0へのバージョンアップのときなどは、いくつかPlaybookの書き直しが必要となる仕様変更がありました。

Infrastructure as Codeの利点は、ソースコードでITインフラの構成を管理することによって、誰が実行しても同じ結果が得られるのを保証することにあります。そのためには、実行されるAnsibleのバージョンもそろえておく必要があるのです。

本書の演習用に、インターネット上のオンラインGitリポジトリ公開サイトであるGithub上に、あらかじめ動く状態で作成したPlaybookを公開しています。今後の演習用のサンプルコードは、すべてこちらのリポジトリに格納してあります。まずは適当な作業ディレクトリ上で、gitコマンドを使ってこのリポジトリをセットアップしてください。

```
$ git clone https://github.com/kota-row/ansible-practice.git
```

コマンドを入力すると、Gitのリポジトリのデータがダウンロードされ、ansible-practiceというディレクトリ上に配置されます。同梱しているファイルについては次章以降で説明しますが、まずはrequirements.txtというテキストファイルを見てください。

```
$ cd ansible-practice
$ cat requirements.txt
```

・requirements.txt

```
ansible==2.2
```

requirements.txtは、pipでインストールするPythonパッケージのリストを記述したファイルです。このファイルにはAnsibleの2.2をインストールするという設定が記述されています。このファイルを使ってAnsibleをインストールするには、次のようにコマンドを入力します。

```
$ pip install -r requirements.txt --user
```

pipコマンドの-rオプションは、インストールするパッケージの一覧を記載したファイルを指定するオプションです。pipは何もオプションを付けずにパッケージ名を指定した場合、そのパッケージの最新版を自動的にインストールします。-rでrequirements.txtを指定して実行した場合、ファイル内に記載されているパッケージを、それぞれ記載されているバージョンでインストールします。

--user オプションは、システム領域ではなくユーザのホームディレクトリ以下にパッケージをインストールする設定です。自分専用の端末であればsudoを利用してシステム領域にAnsibleをインストールしても問題ありませんが、複数ユーザで共用するサーバなどの場合、環境を汚さないようにユーザ領域にインストールするほうが望ましいでしょう。

インストールが完了するとansibleコマンドが利用できるようになります。これで演習の準備は整いました。


```
$ ansible --version
ansible 2.2.0.0
  config file =
  configured module search path = Default w/o overrides
```

VirtualBoxとVagrantのインストール

本書ではAnsibleの適用先を用意する方法として、ローカルマシン上で簡単にVMを作成・破棄できる開発用ツールであるVagrantを利用します。VagrantはVirtualBoxなどの仮想化基盤を利用して、あらかじめ定義された設定ファイルに従ってコマンド一発でVMを作成してくれます。VMに変更を加えてしまった場合も、コマンド一発で破棄して作りなおすこともできるので、Ansibleのような構成管理ツールを使った開発・テスト用にとても相性の良いツールであるといえます。

まずはVirtualBoxをインストールしましょう。VirtualBoxのインストーラはOracleのWebサイト[注3]からダウンロードできます。ブラウザでURLを開き、パッケージの一覧から、対応するOSのインストーラをダウンロードして保存してください。本節冒頭の「OSのインストール」の手順でUbuntuをインストールした場合、「Ubuntu 16.04 (Xenial) 64-bit の deb Package」をダウンロードします。

注3　http://www.oracle.com/technetwork/jp/server-storage/virtualbox/downloads/index.html

ダウンロードが完了したら、保存したインストーラを起動します。ホームディレクトリの下のダウンロードディレクトリに移動して、dpkgコマンドでパッケージをインストールします（バージョンによりパッケージ名が若干変わりますが、ダウンロードしたファイル名を指定してください）。

```
$ sudo dpkg -i virtualbox-5.1_5.1.8-111374~Ubuntu~xenial_amd64.deb
```

なお、rpm系のLinuxディストリビューションを利用している場合は、対応するrpmファイルをダウンロードしてrpmコマンドでインストールしてください。Windows/macOSの場合は、ダウンロードしたファイルを実行すればGUIのインストーラが起動しますので、指示に従ってインストールしてください（後述のVagrantのインストールも同様です）。

VirtualBoxのインストールが終わったら、次はVagrantのインストールを行います。Vagrantのインストーラは Vagrantの公式サイト[注4]からダウンロードできます。VagrantもVirtualBox同様に各OS別のインストーラが用意されていますので、対応するインストーラをダウンロードしてください。Ubuntuを使用している場合はDebianのパッケージを選択します。ダウンロードが完了したら、同じようにdpkgコマンドでインストールします。

```
$ sudo dpkg -i vagrant_1.8.7_x86_64.deb
```

なお、インストールの途中で次のようなエラーメッセージが表示されることがあります。

```
E: Unmet dependencies. Try 'apt-get -f install' with no packages (or specify a solution).
```

これは、VirtualBox/Vagrantのインストールに必要なパッケージが足りていないことが原因です。Ubuntuの場合、apt-getコマンドで公式のリポジトリサーバからパッケージをインストールすると、自動的に依存関係を解決して必要なパッケージをインストールしてくれますが、今回のようにサードパーティーのWebサイトから直接debパッケージをダウンロー

注4　https://www.vagrantup.com/downloads.html

ドしてインストールすると、依存パッケージが足りない場合があります。表示されているメッセージのとおり、次のように入力することで依存パッケージを自動的にダウンロードしてインストールを完了してくれます。

```
$ sudo apt-get -f install
```

インストールが完了したら、次のようにコマンドを打ってインストールされていることを確認しましょう。

```
$ VBoxManage --version
5.1.8r111374
$ vagrant --version
Vagrant 1.8.7
```

バージョンが正しく表示されていればインストール完了です。なお、本書に記載しているサンプルコードやコマンドは、この実行例のバージョンで検証しています。もし記述されているコマンドのとおり実行して動かない場合は、バージョンをそろえて実施してみてください。

では、まずVagrantの基本操作を覚えておきましょう。Vagrantを利用するには、まずVagrantfileというVMの定義情報を記述したファイルを作成する必要があります。次のようなファイルを作成します。

・Vagrantfile

```
#!/usr/bin/ruby

Vagrant.configure('2') do |config|
  config.vm.box = "ubuntu/xenial64"

  {
    'ubuntu01' => '192.168.33.10',
    'ubuntu02' => '192.168.33.20'
  }.each do |name, address|
```

```
    config.vm.define name do |host|
      host.vm.hostname = name
      host.vm.network :private_network, ip: address
    end
  end

  config.vm.provider :virtualbox do |vb|
    vb.customize ["modifyvm", :id, "--memory", "1024", "--cpus", "2", "--ioapic", "on"]
  end

  config.vm.provision 'shell', inline: <<-SCRIPT
    apt-get update
    apt-get -y install python aptitude
  SCRIPT

end
```

このファイルはVagrantのVM構成情報を定義するファイルです。

config.vm.boxの部分は、VMの元となるboxファイルの名前を指定しています。Vagrantはboxと呼ばれるVMのテンプレートをベースにして、VMを作成します。boxはインターネット上で誰でも利用可能な形で公開されています。今回はUbuntuの公式イメージの最新版であるubuntu/xenial64を指定します。

config.vm.defineの部分は、VMの名前とIPアドレスを定義しています。このファイルでは、ubuntu01というVMにIPアドレス192.168.33.10を、ubuntu02というVMにIPアドレス192.168.33.20を付与して起動するという設定にしています。

config.vm.providerは、VMの起動に使用する仮想化基盤ごとの設定を行う部分です。VagrantはデフォルトでVirtualBoxを利用する設定になっており、このファイルでは作成するVirtualBoxで起動するVMのメモリやCPUの設定をしています。

config.vm.provisionは、VM起動後に初期設定する内容を定義する部分です。このファイルではインラインスクリプトでapt-getコマンドを起動し、Pythonとaptitudeパッケージをインストールしています。UbuntuでAnsibleを利用するためには、対象ホストにPythonがインストールされている必要があります。また、Ansibleからパッケージをインストールするためのapt Moduleを利用する場合は、aptitudeコマンドも必要になります。Pythonとaptitudeは、UbuntuをDVDなどから通常の方法でインストールした場合はデフォルトでインストールされていますが、Vagrantのboxは最小構成で必要なパッケージがインストールされていないため、起動時にインストールするように設定しています。

Vagrantfileの作成が終わったら、次のように入力してみてください。

```
$ vagrant status
Current machine states:

ubuntu01                  not created (virtualbox)
ubuntu02                  not created (virtualbox)

This environment represents multiple VMs. The VMs are all listed
above with their current state. For more information about a specific
VM, run `vagrant status NAME`.
```

vagrant statusコマンドはVagrantで定義したVMの状態を確認するコマンドです。このコマンドの結果を見ると、ubuntu01とubuntu02の2つのVMが定義されていることがわかります。では、さっそくVMを起動してみましょう。

```
$ vagrant up
```

vagrant upコマンドはVMを起動するコマンドです。コマンドを入力すると、Vagrantfileに記述された設定に従ってVMのboxファイルをダウンロードしてインポートし、そこからVMの作成、ネットワークの設定などを全自動で行ってすぐに使える状態のVMを用意してくれます。なお、初回実行の際はVMのboxファイルを丸ごとダウンロードするため、数分時間がかかります。ネットワークの調子が悪いとダウンロードに失敗することもありますので、しばらく待って失敗した場合は何度かリトライしてみてください。なお、vagrant up <vm_name>のように引数でVM名を指定すると、指定したVMのみを起動できます。VMの起動が完了したら、もう一度ステータスを確認してみましょう。

```
$ vagrant status
Current machine states:

ubuntu01                  running (virtualbox)
ubuntu02                  running (virtualbox)

This environment represents multiple VMs. The VMs are all listed
above with their current state. For more information about a specific
VM, run `vagrant status NAME`.
```

VMが作成され、running状態になっていることが確認できます。ログインして確認してみましょう。VMにログインするためには、`vagrant ssh <vm_name>`コマンドを使います。ubuntu01のVMにログインするためには次のように入力します。

```
$ vagrant ssh ubuntu01
Welcome to Ubuntu 16.04.1 LTS (GNU/Linux 4.4.0-47-generic x86_64)

 * Documentation:  https://help.ubuntu.com
 * Management:     https://landscape.canonical.com
 * Support:        https://ubuntu.com/advantage

  Get cloud support with Ubuntu Advantage Cloud Guest:
    http://www.ubuntu.com/business/services/cloud

16 packages can be updated.
8 updates are security updates.

ubuntu@ubuntu01:~$ exit
```

ログインすると、通常のSSHログインと同じようにシェルに入ることができます。exitコマンドでログアウトするとホスト側のOSに戻ることができます。

VMを破棄する場合は`vagrant destroy <vm_name>`コマンドを使用します。VMに変更を加えてしまって初期状態に戻したい場合や、必要なくなった場合は、このコマンドでVMを破棄しましょう。

Ansibleを実行するためには実行対象のホストが起動している必要があります。本書の今後のサンプルは、このVagrant環境で作成したVMをターゲットとして実行していきますので、vagrant upでVMを起動した状態で実施してください。

Linux系ディストリビューションのOSがインストールされたPCや、新しくOSをインストールできるPCがない場合（WindowsのPCしかない場合など）、Ansible適用元もVMとしてセットアップする方法があります。まずは、先ほどのAnsible適用先のVMを定義したVagrantfileの存在するディレクトリとは別のディレクトリに、Ansible適用元のVMを定義するVagrantfileを作成します。

・Vagrantfile

```
#!/usr/bin/ruby

Vagrant.configure('2') do |config|
  config.vm.box = "ubuntu/xenial64"

  config.vm.define 'ansible-host' do |host|
    host.vm.hostname = 'ansible-host'
    host.vm.network :private_network, ip: '192.168.33.250'
  end

  config.vm.provider :virtualbox do |vb|
    vb.customize ["modifyvm", :id, "--memory", "1024", "--cpus", "2", ↵
"--ioapic", "on"]
  end

  config.vm.provision 'shell', inline: <<-SCRIPT
    apt-get update
    apt-get -y install python aptitude
  SCRIPT
end
```

このファイルを作成してvagrant upをコマンドラインから入力することで、Ansible適用元のVMが起動します。起動したら、vagrant ssh ansible-hostを入力することで、作成したVMにSSHログインできます。ログインするとUbuntu上のシェルでコマンドを実行できる状態になりますので、あとは本章の最初でUbuntuをインストールした直後と同じように、「Gitのインストール」から同じ手順を実行してください。このVagrantfileで起動したVMは、先ほどVagrantfileで起動したAnsible適用先のVMにネットワークが疎通するようになっているため、以降の手順はvagrant ssh ansible-hostで接続したシェル上で実行できます。

2.2 Inventory file

Ansibleを使うためには、まずInventory fileの準備が必要です。Inventory fileとは、Ansibleで管理対象となるサーバの一覧を記述したファイルです。まずは、演習用リポジトリのファイルを見てみてください。

・hosts

```
[webservers]
ubuntu01 ansible_host=192.168.33.10

[dbservers]
ubuntu02 ansible_host=192.168.33.20
```

ホスト名（ubuntu01、ubuntu02）とIPアドレスが書かれている部分がホストの定義です。このファイルでは、Vagrantで定義したVMと同じ設定の2つの対象サーバが管理下に置かれています。ここに書かれたアドレスに対してAnsibleはSSH接続します。もしDNSかAnsible適用元の.ssh/configにより名前解決ができるのであれば、次のようにansible_hostを省略することもできます。省略した場合、接続先には記述したホスト名が使用されます。

```
[webserver]
web01.foobar.com
web02
```

また、直接IPアドレスで次のように記述することもできます。

```
[webserver]
192.168.33.10
```

[webservers]、[dbservers]の部分はグループの定義です。このファイルでは、webserversとdbserversの2つのグループが定義されており、webserversグループにはubuntu01（192.168.33.10）、dbserversグループにはubuntu02（192.168.33.20）のホストが所属しています。

グループを定義することで、複数のホストをひとまとめにして同じ処理を行ったり、処理中に使用する変数をグループの全ホストにまとめて与えたりすることができます。グループの応用的な使い方は4章で紹介しますので、ここではひとまずホストの「役割」別にグループを定義する、と覚えておけば大丈夫です。

またAnsibleでは、動的にスクリプトを実行した出力結果をInventory fileとして扱ったり、クラウドサービス上のVMのインスタンス一覧を取得してInventory fileの代わりにしたりするDynamic Inventoryという機能もあります。Dynamic Inventoryの詳細については、5章の5.1節「Inventory fileを動的に定義する（Dynamic Inventory）」で解説します。

2.3 configファイル

Ansibleは SSHを利用してリモートホストに接続しますが、その際のデフォルトの設定はAnsibleのconfigファイルから読み込みます。まず、最低限動かすための設定をconfigに記述しましょう。演習用のリポジトリの設定は次のようになっています。

・ansible.cfg

```
[defaults]
inventory = hosts
remote_user = ubuntu
host_key_checking = False
private_key_file = .vagrant/machines/{{ inventory_hostname }}/virtualbox/private_key

[privilege_escalation]
become = True
```

inventoryにはデフォルトで使用されるInventry fileのパスを指定します。

remote_userはリモートホストにSSH接続するときに使用するユーザです。未指定の場合はrootが使われますが、最近のLinuxディストリビューションは、セキュリティ対策のためリモートから直接rootでSSHログインするのが不可能な設定になっていることが多く、root権限が必要な操作も通常ユーザでログインしてから、sudoやsuでroot権限を獲得する場合が多いでしょう。

演習で利用するVagrantのUbuntu 16.04のboxは、デフォルトでubuntuユーザが作成されており、sudoが使用できる設定になっているため、このユーザを利用してSSHログインできるように設定します。SSH接続の設定を自前で行わなければならない環境の方は、3章3.2節「Ansibleを適用するホストの準備」を参照してください。

この話に関連することですが、最終行のbecomeはリモートでログインしたあとに、sudoコマンドやsuコマンドでユーザを変更するかどうかを設定しています。Trueを指定した場合、デフォルトでログインユーザとは別のユーザ（とくに指定しない場合はrootが使われます）に権限を変更してAnsibleの処理が行われます。サーバの構築に必要なパッケージのインストールやユーザの作成、サービスの起動／停止などの多くはroot権限が必要となるため、Trueにしておくと便利です。ただし、デフォルトですべての操作をrootで行うため、間違った処理を記述すると変更してはいけない箇所を変更してしまうリスクも高まります。Taskごとにbecomeを個別に設定することも可能ですので、configでTrueに設定するかどうかはプロジェクトのポリシーに従って判断してください。

host_key_checkingは、SSHのログイン時にリモートホストのhost keyが前回ログイン時のものと一致しているかチェックする設定です。通常はホストの偽装対策などでTrueにしておくことが望ましいですが、Vagrantやクラウドサービス上のVMなど、VMの破棄と再作成を頻繁に行う場合はこのチェックが有効になっているとエラーになってしまうため、今回の演習用リポジトリではFalseにしています。

private_key_fileはSSH接続するための秘密鍵を設定する項目です。VagrantはVMを作成したとき、Vagrantfileの存在するディレクトリの下にVM別のSSH鍵（パスワード不要）を自動生成します。今回はそのSSH鍵のパスを指定することにより、ログイン時のパスワード指定なしでAnsibleを実行できるようにしています。

設定値の中に{{ inventory_hostname }}という記述がありますが、この二重括弧の中にはInventory fileの中で指定したホスト名（ubuntu01、ubuntu02など）が埋め込まれます。

ansible.cfgの詳細は、7章7.2節「config（ansible.cfg）解説」で取り扱います。

2.4 ansibleコマンドの使い方

Inventory fileとconfigの準備ができたら、さっそくAnsibleを実行してみましょう。

```
$ ansible webservers -i hosts -a 'echo Hello World'
ubuntu01 | SUCCESS | rc=0 >>
Hello World
```

正常にサーバが起動しており、SSH接続が可能な状態になっていれば、上記のような出力が得られるでしょう。

では、今実行したコマンドの詳細を見ていきましょう。

①の部分は対象ホストの指定です。ここではwebserversグループに所属するすべてのホストを対象とするとします。対象ホストの指定は、`ubuntu01`のようにInventory fileに記載したホストを1個だけ指定することもできますし、webserversのようにグループ名を指定することもできます。

②の部分（`-i`オプション）はInventory fileの指定です。ここでは先ほど作成したhostsというファイルを指定しています。なお、このオプションは設定ファイル（ansible.cfg）で指定することにより省略できます。前節で作成したansible.cfgでも`hosts`を指定しているため、以降の実行では省略します。

③の部分（`-a`オプション）はModuleに与える引数です。Ansibleでは対象サーバに対するすべての操作を、Moduleと呼ばれるPythonスクリプトを通して実行しています。このコマンドではどのModuleを使用するかの指定がありませんが、省略時にはcommandという、

対象ホスト上で与えられた引数のコマンドをそのまま実行するModuleが使用されます。今回は対象ホストでHello Worldを出力するコマンドを指定しました。

では、command以外のModuleを使ってみましょう。次のコマンドを実行してください（回線状況などにより、少し時間がかかります）。


```
$ ansible webservers -m apt -a 'name=apache2 state=installed' --become
ubuntu01 | SUCCESS => {
    "cache_update_time": 1480246100,
    "cache_updated": false,
    "changed": true,
    "stderr": "",
    "stdout": "Reading package lists...（省略）..."
}
```

正常に終了すると、上記のような出力が得られます。それでは、このコマンドも詳細を見ていきましょう。

```
$ ansible webservers -m apt -a 'name=apache2 state=installed' --become
                     ①      ②                                  ③
```

webserversまでは先ほどのコマンドと一緒です。

①の部分に先ほどは指定しなかったオプション-mが追加されています。これは、実行するModuleを指定する引数です。ここでは、Ubuntuの標準パッケージマネージャーであるaptを使ってパッケージをインストールするapt Moduleを指定しています。

②の部分（-aオプション）にはapt Moduleに与える引数を指定しています。apt Moduleにはnameという引数でパッケージ名を、stateという引数でパッケージの状態を記述します。上の例のように引数を与えると、Apache2がインストールされた状態になります。

③はModuleの実行を管理者権限（sudo）で行うオプションです。パッケージのインストールなどは、OSの管理者権限がなければ行えません。そのような管理者権限を要求される操作を行う場合は--becomeを指定します。ansibleコマンドのそのほかのオプションについては、7章7.1節「コマンドラインオプション解説」を参照してください。

では、本当にインストールされているか確認してみましょう。まずはVMにログインして中身を確認します。

```
$ vagrant ssh ubuntu01

ubuntu@ubuntu01:~$ dpkg -l apache2
Desired=Unknown/Install/Remove/Purge/Hold
| Status=Not/Inst/Conf-files/Unpacked/halF-conf/Half-inst/trig-aWait/Trig-pend
|/ Err?=(none)/Reinst-required (Status,Err: uppercase=bad)
||/ Name    Version           Architecture Description
+++-=======-=================-============-===================
ii  apache2 2.4.18-2ubuntu3.1 amd64        Apache HTTP Server

ubuntu@ubuntu01:~$ exit
```

Apacheがインストールされていることが確認できるでしょう。次に、ブラウザで実際にubuntu01のアドレス（http://192.168.33.10/）にアクセスしてみましょう。Apacheのデフォルトのindexページが表示されれば成功です。

インストールされたことが確認できたら、もう一度同じコマンドを実行してみましょう。

```
$ ansible webservers -m apt -a 'name=apache2 state=installed' --become
ubuntu01 | SUCCESS => {
    "cache_update_time": 1480246100,
    "cache_updated": false,
    "changed": false
}
```

先ほどの実行時とは出力が変わっています。1回目の実行では`"changed": true`と表示されていた部分が`"changed": false`となり、実行結果が表示されていません。もしターミナルのカラー出力が有効な環境で実行していれば、1回目は黄色で出力された結果が緑色になっていることでしょう。これは、Moduleの実行により対象ホストの状態が変更されなかったことを意味します。

1章で構成管理ツールの特徴として、冪等性を持つということを説明しました。Ansibleはこのように、パッケージがインストールされていない状態のホストとインストール済みのホストに対してまったく同じコマンドを入力しても、結果的に同じ（パッケージがインストールされている）状態になることを保証してくれます。事前に状態チェックや面倒な分岐処理を書く必要はありません。ただし、一部のModule（commandなど）は冪等性が担保されていませんので、使用時は注意が必要です。

2.5 簡単なPlaybookを書いてみる

前節では、ansibleコマンドの基本的な使い方を紹介しました。しかし、ansibleコマンドでは一度に1つのTaskしか実行できません。実際のサーバ構築では、パッケージのインストールだけでなく、設定ファイルやアプリケーションの配置など多数の操作を行う必要があるでしょう。それらをひとまとめにして定義できるのがPlaybookです。本節では、簡単なPlaybookを実際に動かしてPlaybookの作成方法を学んでいきます。

では、まずはPlaybookの中身を見てみましょう。演習用リポジトリの中のファイルを見てください。

・sample_playbooks/2-5.yml

```
---
- name: Webサーバのセットアップ
  hosts: webservers
  tasks:
    - name: apacheをインストール
      apt: name=apache2 state=installed
      become: true

    - name: apacheを再起動し、サービスの自動起動を有効化
      service: name=apache2 state=restarted enabled=yes
      become: true

- name: DBサーバのセットアップ
  hosts: dbservers
  tasks:
    - name: mysqlをインストール
      apt: name=mysql-server state=installed
      become: true
```

```
  - name: mysqlを再起動し、サービスの自動起動を有効化
    service: name=mysql state=restarted enabled=yes
    become: true
```


AnsibleのPlaybookは、YAMLの配列形式で記述します。トップの階層の配列がPlayと呼ばれる単位になり、1つのPlayの中にはPlayの名前（name）、適用対象のホスト（hosts）、実行するTaskのリスト（tasks）を指定する形になります。

ここでは、1つめのPlayでwebserversグループに対してApacheのインストールと再起動、サービスの有効化を、2つめのPlayでdbserversグループに対してMySQLのインストールと再起動、サービスの有効化を行っています。

では、最初のPlayを例にもう少し細かく見ていきましょう。

```
- name: Webサーバのセットアップ……①
  hosts: webservers……②
  tasks:……③
    - name: apacheをインストール……④
      apt: name=apache2 state=installed……⑤
      become: true……⑥
```

①はPlayの名前を指定しています。ここの名前はとくに意味はありませんが、実行時にログとして表示されるので、わかりやすい名前を指定すると良いでしょう。

②はPlayを適用するホストを指定しています。指定形式はansibleコマンドで対象を指定するときと同じように、対象ホストのIPアドレスまたはFQDNのホスト名、もしくはグループ名を指定できます。

③は対象ホストに適用するTaskのリストの定義です。tasksの下に1段ネストして、実行するTaskをYAMLの配列形式で指定します。

④はTaskの名前です。Play同様、ひとつひとつのTaskに名前を設定できます。ログに表示されるので、ここにもわかりやすい名前を付けておくと良いでしょう。省略した場合、Module名と引数が自動的に設定されます。

⑤は実行するModuleと引数の定義です。YAMLのkey部分に実行するModule名を、value部分にModuleに与える引数を記述します。

⑥はTaskに対して指定するオプションです。この場合はパッケージインストール、サービスの有効化を行うため、sudoでTaskを実行する必要があるので、`become: true`を指定しています。なお、ansible.cfgでbecome = Trueを指定した場合にはこの指定は不要となるため、以降のサンプルでは省略します。

では、実際にPlaybookを動かしてみましょう。以下のコマンドを入力してみてください。

①の部分はPlaybookを実行するコマンド名です。Playbookを実行する場合、このようにansible-playbookコマンドを使用します。

②の第1引数部分にはPlaybookのファイル名を指定します。ここでは、先ほどのsample_playbooks/2-5.ymlを指定しています。

③の部分（-iオプション）にはansibleコマンド同様にInventory fileのパスを指定します。設定ファイルでInventory fileを指定している場合は設定不要です。

実行すると、次のような出力が得られます。

```
$ ansible-playbook sample_playbooks/2-5.yml -i hosts

PLAY [Webサーバのセットアップ] *******************************************************……①

TASK [setup] ***************************************************************************……②
ok: [ubuntu01]

TASK [apacheをインストール] ************************************************************……③
ok: [ubuntu01]

TASK [apacheを再起動し、サービスの自動起動を有効化] ************************************……④
changed: [ubuntu01]
```

```
PLAY [DBサーバのセットアップ] *************************************************************

TASK [setup] *************************************************************************
ok: [ubuntu02]

TASK [mysqlをインストール] ****************************************************************
changed: [ubuntu02]

TASK [mysqlを再起動し、サービスの自動起動を有効化] *******************************************
changed: [ubuntu02]

PLAY RECAP ***************************************************************************……⑤
ubuntu01                   : ok=3    changed=1    unreachable=0    failed=0
ubuntu02                   : ok=3    changed=2    unreachable=0    failed=0
```


このように、Playbookに記述した順番で上からTaskが実行されていきます。

実際にwebserver、dbserverのVMにログインしてパッケージ、サービスの状態を確認すると、ApacheとMySQLがそれぞれインストールされて起動状態になっていることがわかるでしょう。

実行結果をもう少し細かく見ていきましょう。

①のPLAYと書かれた行は、Playbookに記述された最上位の要素と対応します。ここでは、sample_playbooks/2-5.ymlに記述されたname: Webサーバのセットアップに相当する、webserversに対してApacheをインストールして再起動し、サービスの自動起動を有効化するという一連のTaskのかたまり（Play）を、この行から実行していることを示しています。

②のTASK [setup]と表示された行は、Ansibleが対象ホストの情報を収集している部分です。AnsibleはPlayの最初に対象ホストにSSH接続を確立したとき、ホスト名やIPアドレス、OSの種別などの情報を収集します。ここで収集した情報は以降のTask実行中に参照して、処理を分岐させたりするために使用できます。詳しくは、本章2.7節「変数の扱い方」の「Facts」で説明します。

③④の部分が実際にTaskを実行した結果です。Playbook実行時は、通常このようにTaskの名前と適用した対象ホストと結果が表示されます。okとchangedと表示されている行があ

りますが、これはTaskによって対象ホストに変更が行われたかどうかを示しています（ansibleコマンドにおける、`"changed": true`または`false`と同じです）。ターミナルのカラー表示が有効になっていれば、`ok`の行は緑色で、`changed`の行は黄色で表示されます。

⑤の部分はPlaybook全体の実行結果のサマリです。各ホストに対して何個のTaskが実行され、どのような結果だったかの一覧を見ることができます。ここが、okとchangedしか表示されていない結果（`unreachable`と`failed`の値が0）であれば、Playbookの適用が正常に完了したということになります。

2.6 Roleの使い方

Playbookは強力ですが、1つのPlaybookでさまざまな役割を持つ多数のホストを管理するようになってくると、単純に実行するTaskを列挙する形式の書き方では管理に限界が出てきます。

たとえば、次のようなケースを考えてみましょう。Rubyで実装された2種類のアプリケーションを動作させるサーバを構築する必要があり、それぞれにRubyとMySQLをインストールしたい場合の例です。

・sample_playbooks/2-6_no_role.yml

```
---
- name: applicationAのセットアップ
  hosts: ubuntu01
  tasks:
    - name: rubyをインストール
      apt: name=ruby state=installed
      become: true

    - name: mysqlをインストール
      apt: name=mysql-server state=installed
      become: true

    - name: mysqlを再起動し、サービスの自動起動を有効化
      service: name=mysql state=restarted enabled=yes
      become: true

    - name: applicationAのソースコードをGitHubから取得
      git:
        repo: https://github.com/kota-row/ansible-practice-sample-application.git
```

```
        dest: /opt/applicationA
      become: true

- name: applicationBのセットアップ
  hosts: ubuntu02
  tasks:
    - name: rubyをインストール
      apt: name=ruby state=installed
      become: true

    - name: mysqlをインストール
      apt: name=mysql-server state=installed
      become: true

    - name: mysqlを再起動し、サービスの自動起動を有効化
      service: name=mysql state=restarted enabled=yes
      become: true

    - name: applicationBのソースコードをGitHubから取得
      git:
        repo: https://github.com/kota-row/ansible-practice-sample-application.git
        dest: /opt/applicationB
      become: true
```

見てのとおり、配置するGitHubのソースコードが違う[注5]だけで、ほかはほとんど同じTaskを2度記述しています。このような記述方法を取ると構築対象が増えるほどPlaybookの見通しが悪くなり、1箇所を変更したときに同じ処理を実行しているほかの箇所を変更し忘れるなど、バグの原因にもつながります。

Ansibleではこのような共通Taskをまとめて記述する記法として、Roleという機能が提供されています。Roleとはその名のとおり「役割」を表しており、その役割を実現するために必要な複数のTaskを共通パーツ化して、複数のホストで共用できるようにします。

注5 ここでは同じものを配置していますが、サンプルですので違うものとして考えてください。

それでは、先ほどのPlaybookをRole化してみましょう。ansible-practiceディレクトリ以下にrolesというディレクトリを作成し、次のようにファイルを作成して配置します。

```
ansible-practice/
├── roles/
|      ├ ruby/
|      |    └ tasks/
|      |         └ main.yml
|      └ mysql/
|           └ tasks/
|                └ main.yml
├── hosts
└── sample_playbooks/2-6_role.yml
```

・sample_playbooks/2-6_role.yml

```
---
- name: applicationAのセットアップ
  hosts: ubuntu01
  roles:
    - ruby
    - mysql
  tasks:
    - git:
        repo: https://github.com/kota-row/ansible-practice-sample-application.git
        dest: /opt/applicationA
      become: true

- name: applicationBのセットアップ
  hosts: ubuntu02
  roles:
    - ruby
    - mysql
  tasks:
    - git:
        repo: https://github.com/kota-row/ansible-practice-sample-application.git
        dest: /opt/applicationB
      become: true
```

・**roles/ruby/tasks/main.yml**

```
---
- name: rubyをインストール
  apt: name=ruby state=installed
  become: true
```

・**roles/mysql/tasks/main.yml**

```
---
- name: mysqlをインストール
  apt: name=mysql-server state=installed
  become: true

- name: mysqlを再起動し、サービスの自動起動を有効化
  service: name=mysql state=restarted enabled=yes
  become: true
```

Roleを作成する場合、`roles/{{role_name}}/`のディレクトリを作成し、`roles/{{role_name}}/tasks/main.yml`にそのRoleで適用するTaskを記述します。Roleを使用するPlaybookでは、`roles:`の下に配列形式で適用するRole名の一覧を記述します。sample.ymlのPlaybookファイルもシンプルになり、ひと目でどのホストにどのような役割が割り当てられているかを読み取りやすくなったのではないでしょうか。

ファイルが配置できたらさっそく実行してみましょう。

```
$ ansible-playbook sample_playbooks/2-6_role.yml
```

実行結果は省略しますが、Roleに分割する前と同じTaskが実行されていることが確認できるでしょう。

本節の例ではアプリケーションの配置まではRoleにしませんでしたが、実際にある程度大きな規模のPlaybookを作成する場合は1回しか実行しない処理も含め、すべてをRole化するということが多いです。トップレベルのYAMLには適用対象のホストとRoleだけを列挙しておき、実際の処理はすべてRoleに寄せてしまうことで、見通しの良いPlaybookにすることができます。

2.7 変数の扱い方

Playbook内では変数を扱うことができます。変数を利用することにより、条件に応じてModuleの引数を変更したり、ホストごとに違う値をファイルに埋め込んだりすることができます。Ansibleの変数には大きく分けて3つの使い方があります。

(1) Moduleの引数として使う

最もよく使用されるのがModuleの引数を変数で可変にする使い方です。

```
- name: '{{ package_name }}のインストール'
  apt:
    name: '{{ package_name }}'
    state: installed
  vars:
    package_name: apache2
```

Moduleに変数を渡す場合、{{ **変数名** }}のように二重の中括弧で変数名を囲って記述します。この例の場合、package_nameという変数に入っているパッケージがインストールされます。ここではTaskの定義にvarsというkeyを渡して直接変数を定義しているため、直接パッケージ名を記述するのとあまり変わらなくなっていますが、後述の方法でホスト単位、グループ単位などで変数の中身を変えることにより、同じTaskで実行されるModuleの引数を変化させることができるようになります。

この例では変数を使用している箇所を' 'で囲っています。これは、先頭の中括弧がYAMLの記法と誤認識されてしまうためです。そのため、YAMLの値部分の文字列の最初が変数から始まる場合は、シングルクォーテーションもしくはダブルクォーテーションで囲む必要があります。次の例のように、1行記法などで文字列の途中に変数が現れる場合は、囲む必要はありません。

```
- name: '{{ package_name }}のインストール'
  apt: name={{ package_name }} state=installed
```


(2) template Moduleを使用してファイルの中身に埋め込む

templateというModuleを使用すると、ローカルにあるテンプレートファイルの中に変数の値を埋め込んで適用対象のホストに配置できます。おもに、configファイルの配置などに使用されることが多いです。

```
- name: テンプレートファイルの配置
  template:
    src: path/to/template.j2
    dest: /path/to/remote/file
  vars:
    config1: foo
    config2: bar
```

・path/to/template.j2

```
config1={{ config1 }}
config2={{ config2 }}
```

・/path/to/remote/file

```
config1=foo
config2=bar
```

この例では、ローカルにあるpath/to/template.j2というファイルの中に、config1、config2という変数に割り当てられている「foo」「bar」という文字列が指定の位置に埋め込まれて転送・配置されます。

template Moduleの詳細な使い方については、6章「いろいろなModuleの使い方」で解説します。

(3) whenなどのPlaybookの実行制御に使う

変数の中身に応じて、特定のTaskの実行条件を変化させることができます。Playbookの分岐制御については、4章4.4節「処理を分岐させる(when/failed_when)」で解説します。

以降では、おもな変数を紹介していきます。

role defaults/vars

role defaults、role varsは、Roleに紐付いた変数です。rolesディレクトリ以下の指定のファイルに、YAML形式で変数を記述します。

```
{{playbook_dir}}/
└── roles/
    └ mysql/
      ├ defaults/
      |   └ main.yml  ←─ defaults はこのファイルに記述
      ├ tasks/
      |   └ main.yml
      └ vars/
          └ main.yml  ←─ vars はこのファイルに記述
```

defaultsとvarsの2種類がありますが、どちらも同じようにTaskから変数として扱うことができます。両者の違いは、同名の変数が定義されたときの優先度です。role defaultsはすべての変数の中で最も優先度が低く、role varsはほかのどの変数よりも優先度が高くなります。外部から値を上書きで変更したい変数にはdefaultsを、そのRoleを使用するうえで変更してはいけない定数のような値にはvarsを使うと良いでしょう。

host_vars

host_varsは特定のホストにのみ、常に適用される変数です。host_varsディレクトリ以下に、Inventory file内で定義したホストと同名のファイルを作成することで変数を定義できます。

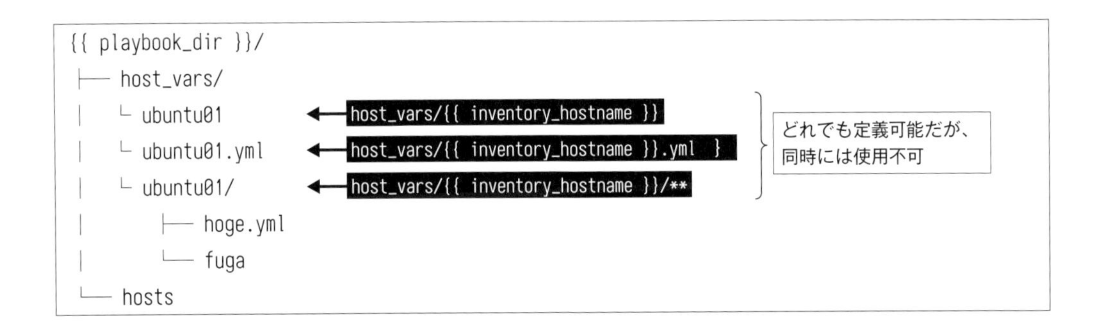

・**hosts**

```
ubuntu01 ansible_host=192.168.33.10
```

group_vars

group_varsは、特定のグループに所属するホストすべてに常に適用される変数です。group_varsディレクトリ以下に、Inventory file内で定義したグループと同名のファイルを作成することで変数を定義できます。

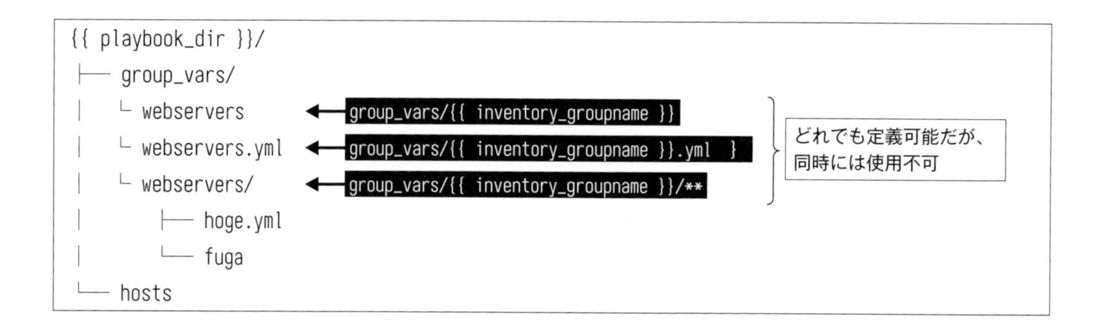

・hosts

```
[webservers]
ubuntu01 ansible_host=192.168.33.10
ubuntu02 ansible_host=192.168.33.20
```

Inventory fileで指定したグループのほかに、Ansibleには「all」という特殊なグループが存在します。allグループにはInventory fileに記述したすべてのホストが所属しています。このグループを利用すると、group_vars/allというファイルに変数を記述することで、すべてのホストに対してグローバルに適用される変数を定義できます。

vars_files

vars_filesはPlaybookの中で読み込むことができる変数定義ファイルです。Playの定義にvars_filesというオプションを付けると、任意のYAMLファイルから変数を読み込むことができます。

```
---
- hosts: webservers
  roles:
    - role_a
  vars_files:
    - path/to/vars_file.yml
```

vars

varsはPlaybookの中で直接変数を定義する書式です。Playの定義に記述すればPlay全体に、個別のTaskに記述した場合は記述したTaskのみに作用します。

・Playの定義に記述

```
---
- roles:
    - role_a
    - role_b
  vars:
    foo: bar
```

・個別のTaskに記述

```
---
- apt:
    name: '{{ package_name }}'
    state: installed
  vars:
    package_name: apache2
```

なお、Task単位でのvars指定はAnsible 2.0以降でしか使用できません。Ansible 1.9系以前を使用する場合、Play単位でのvars指定のみになりますので注意が必要です。

Role引数

Playbookに実行するRoleを指定する際、引数としてvarを渡すことができます。

```
---
- hosts: webservers
  roles:
```

```
- role_a              ← 引数なしの場合はRole名のみを記述すれば良い
- role: role_b        ← role_bというRoleに、
  foo: bar            ← fooという変数を渡して実行
```

extra_vars

Playbookを実行する際、任意の変数をコマンドラインから渡すことができます。extra_varsは実行コマンドに--extra-vars(-e)オプションを付けて指定します。変数名=値の形式で入力するほか、JSON形式で指定したり、「@ファイル名」形式で指定したりすることにより、JSON、YAMLの指定のファイルからextra_varsを読み込むこともできます。

```
$ ansible-playbook playbook.yml -e 'foo=bar hoge=fuga'
$ ansible-playbook playbook.yml -e '{"foo": "bar", "hoge": "fuga"}'
$ ansible-playbook playbook.yml -e '@extra_vars.json'
$ ansible-playbook playbook.yml -e '@extra_vars.yml'
```

Facts

FactsはAnsibleが自動的に収集する対象ホストの情報です。本章2.5節「簡単なPlaybookを書いてみる」で少し触れましたが、Ansibleは対象ホストに接続した際に情報を収集し、変数として値を保存します。収集する情報は、OSのディストリビューション、バージョン、ハードウェア情報（CPU、メモリ、ディスク、ネットワークデバイスほか）など多岐に渡り、Playbook内でこれらの変数を利用できます。使用頻度の高いFactsとして、次のようなものがあります。

- **ansible_distribution**

  実行中のOS種別（Ubuntu、CentOS、Windowsなど）です。OSの種類に応じて動作を変化させたい場合に使用します

◎ **ansible_distribution_release**

実行中のOSのバージョンです。同じディストリビューションのOSの中でも、バージョンによってさらに処理を変化させたい場合に使用します

◎ **ansible_architecture**

対象マシン、またはVMのアーキテクチャ（x86_64など）を表します

◎ **ansible_processor_cores/ansible_vcpus**

対象マシンのCPUコア数を表します。ansilble_processor_coresは物理CPUコア数を、ansible_vcpusはHyper-Threadingなどを含めたOS上から認識されるCPUコア数を表しています

◎ **ansible_memototal_mb**

対象マシンに搭載されているメモリ容量を表します

このほかにも、多数のFactsが用意されています。数が多く、OSの種類などにより取得できる値も違うためここには書ききれませんが、Factsで取得できる値の一覧を調べる方法があります。AnsibleのFactsはsetupというModuleが実行されることにより、対象ホスト上でPythonのスクリプトが実行されて収集されています。このsetup Moduleをansibleコマンドを使って手動で実行することにより、取得できる値を確認できます。

```
$ ansible <対象ホスト> -m setup
```

実行するとAnsibleが対象ホストの情報を収集し、JSON形式で返却します。

```
192.168.33.10 | SUCCESS => {
    "ansible_facts": {
        "ansible_all_ipv4_addresses": [
            "10.0.2.15",
            "192.168.33.10"
        ],
        "ansible_all_ipv6_addresses": [
            "fe80::a00:27ff:fef7:bb35",
            "fe80::a00:27ff:fe18:c685"
        ],
        "ansible_architecture": "x86_64",
```

```
        ...
    },
    "changed": false
}
```

このJSONに含まれる`ansible_facts`以下にある名前の変数をFactsとしてPlaybook内で使用できます。

第3章

自分でPlaybookを作ってみよう

2章では環境の準備と、Playbookの基本的な機能を一通り紹介してきました。しかし、多数のファイルを前に、いざ実際に自分でPlaybookを作成するとなると、どのように作成していけば良いか悩んでしまう方も多いと思います。そこで、ベストプラクティスとして最も基本的なPlaybookの構成を紹介します。初めてPlaybookを作成する方は、この構成を参考にまずは作ってみて、機能を覚えるとともに、徐々にカスタマイズしていくと良いでしょう。章の後半では、ホストのSSH設定方法も紹介。

3.1 Best PracticesのPlaybook構成

Playbookを作り始める前に、まずバージョン管理ができるようにしておきましょう。Gitリポジトリは、作業用のディレクトリを作成してから、次のようにgit initで作成できます。

```
$ mkdir <repository_name>
$ cd <repository_name>
$ git init
```

Ansibleの公式サイトでも公開されているBest Practices[注1]のPlaybook構成を紹介します。

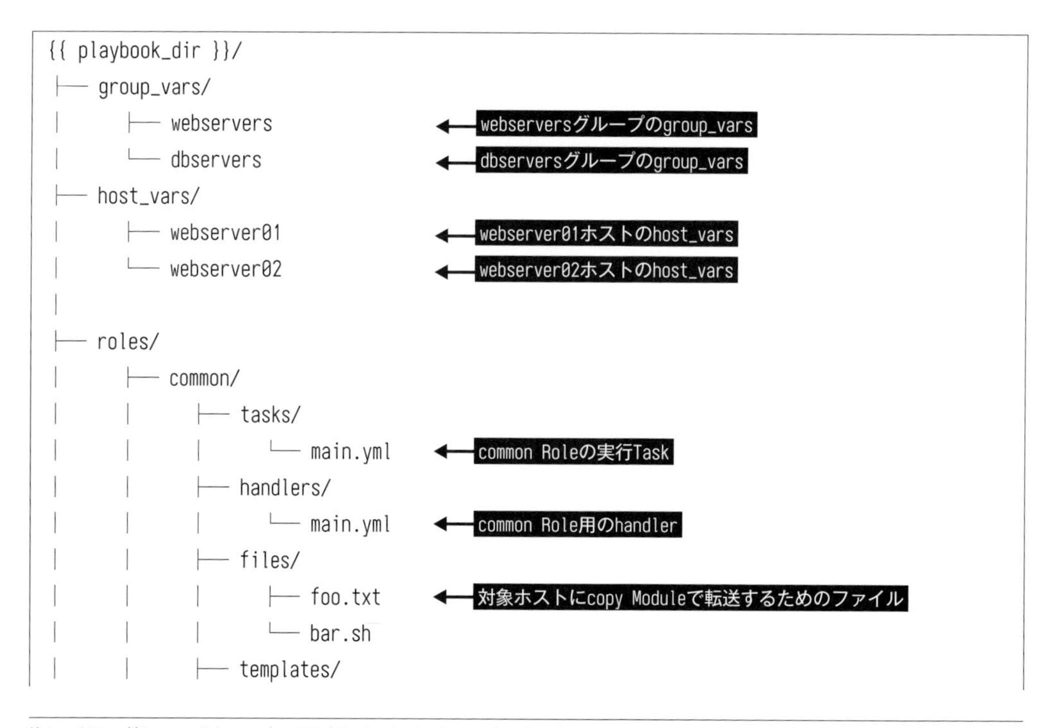

注1　https://docs.ansible.com/ansible/playbooks_best_practices.html

次に、各ディレクトリ、ファイルの一番基本的な設計の指針を解説します。

roles ディレクトリ

Playbookを作成するときは、まずRoleの設計をすると良いでしょう。最初にRoleを設計し、ディレクトリだけでも作ってから始めると、Playbookの構成をスムーズに検討できます。Roleは、大きく3つのカテゴリに分けて考えると設計しやすくなります。

(1) すべてのホストに共通的に適用したいRole (common)
(2) 各サーバに与える役割を実現するRole
(3) (2) のうち、複数のRoleで共通的に利用できる部分をまとめたRole

1つずつ説明していきます。

(1) すべてのホストに共通的に適用したいRole (common)

Best Practicesの構成も含め、多くのPlaybookには「common」というRoleが作られています。これは、OSの基本設定など、すべてのホストに共通的に適用したい設定を行うRoleです。具体的には、次のような設定です。

- ユーザ作成
- アップデートの適用
- 共通パッケージの導入（エディタ、シェルなど）
- NTP/DNSなどの設定

これらをcommonにまとめておくことで、すべてのホストに対して基本的な設定が共通化された状態を保つことができ、メンテナンスなどの作業もしやすくなります。

(2) 各サーバに与える役割を実現するRole

Ansibleを使ってサーバを構築したいということは、それぞれの構築対象のサーバに実現させたい役割があるということでしょう。

まず、業務システムでもWebサイトでも良いので、みなさんが構築したいと考えている全体のサーバに必要な役割を洗い出してみましょう。たとえば、アプリケーションサーバ、DBサーバ、NTPサーバ、DNSサーバ、メールサーバなどです。これらの一番細かい単位の役割を1つずつRoleとして作成していきましょう。

もし、実際は1つのサーバに複数の役割を持たせる（たとえば、DNSサーバとNTPサーバが同じサーバになる）場合でも、Roleはあらかじめ分けておいたほうが良いでしょう。Roleを分けておくことで、Playbookを部分的に変更した場合のテストも楽になりますし、「負荷が上がってきたらサーバを分割したい」「商用環境ではサーバを別にしたいが開発環境ではリソース削減のため1台にしたい」といった変更にも対応しやすくなります。

(3) (2) のうち、複数のRoleで共通的に利用できる部分をまとめたRole

Roleを設計していくと、common Roleのようにすべてのホストには必要ないものの、複数のRoleで同じ設定が必要になるケースが出てくるでしょう。たとえば、2章2.6節「Roleの使い方」で紹介したような、AとBという2種類のアプリケーションを動かすサーバがあり、それぞれにRubyとMySQLのインストールが必要なケースなどです。

このようなケースでは、共通部分のTaskを1つのRoleとして切り出せば、同じ処理を繰り返し記述する必要がなくなり、Playbookの見通しが良くなります。このRoleについては最初から作成しなくてもかまいません。Playbookの中身を実際に書いていく中で、共通化できそうな処理を見つけた際に作成していっても良いでしょう。

Inventory file（グループ／ホスト）

Roleの設計ができたら、次はInventory fileを作っていきましょう。Best Practicesの例ではdevelopment、staging、productionという3つのInventory fileがありました。実際にPlaybookで構築したサーバを何らかの目的で運用しようとするのであれば、本番環境以外に開発（テスト）用の環境を用意しておくことをお勧めします。Playbookを作り始める時点では、まず開発環境のInventory fileから作っていくと良いでしょう。

開発環境といっても、サーバを買ったりする必要はありません。近年の仮想化技術やクラウドサービスの発達により、今は誰でも簡単に自分のPC内やインターネット上のクラウドでVMを用意できる時代になりました。本書のチュートリアルでここまでPlaybookを実行してきた環境も、Vagrantという自分のPC内に簡単にVMを立てることができるソフトウェアを使用しています。

Inventory fileを作るということは、必要なホスト（物理サーバやVMなど）を洗い出すということになります。本番環境でどのサーバにどのような役割を割り当てるかが決まっている場合は、まずはそのまま同じ数のホストを定義してみましょう。実際のサーバ台数がまだ決まっていない場合は、本節のRole設計で決めた「(2) 各サーバに与える役割を実現するRole」の数だけホストを定義して、1ホストに1Role、1グループを割り当ててみると良いでしょう。

・**hosts**

```
[webservers]
web01 ansible_host=192.168.33.10

[dbservers]
db01 ansible_host=192.168.33.20

[dnsservers]
dns01 ansible_host=192.168.33.30
```

サーバを構築する場合、同じRoleのサーバを複数立てて冗長化／スケールアウトしたい場合も多いでしょう。そのような場合は同じグループに複数のホストを所属させておきます。Playbookにグループ指定をした場合、同じグループに所属するVMにまったく同じ内容を構成管理することができます。

・**hosts**

```
[webservers]
web01 ansible_host=192.168.33.10
web02 ansible_host=192.168.33.11

[dbservers]
db01 ansible_host=192.168.33.20
db02 ansible_host=192.168.33.21

[dnsservers]
dns01 ansible_host=192.168.33.30
dns02 ansible_host=192.168.33.31
```

開発環境をローカルPC上のVMなどで構築していると、本番環境と同じだけのVMを用意できないこともあるかもしれません。そのような場合、開発環境では1VMにすべてのRoleを割り当ててしまうこともできます。

ただし、このような割り当て方は、同居させるRoleどうしで、お互いに設定する内容を競合させてはいけないという制約が生じます。ローカルでの簡易開発環境としては良いのですが、本番環境と同じホスト構成でテストできる環境も用意しておくことをお勧めします。

・hosts

```
[webservers]
ubuntu01 ansible_host=192.168.33.10

[dbservers]
ubuntu01 ansible_host=192.168.33.10

[dnsservers]
ubuntu01 ansible_host=192.168.33.10
```

Playbook

Role、Inventory fileの構成が決まったらPlaybookの本体を作っていきましょう。といっても、Roleとホスト、グループの設計が終わっていれば、Playbook本体はそれらを順に並べていくだけです。

・site.yml

```
---
- include: webservers.yml
- include: dbservers.yml
- include: dnsservers.yml
```

・webservers.yml

```
---
- name: Webサーバのセットアップ
  hosts: webservers
  roles:
    - common
    - apache
```

・**dbservers.yml**

```
---
- name: DBサーバのセットアップ
  hosts: dbservers
  role:
    - common
    - mysql
```

・**dnsservers.yml**

```
---
- name: DNSサーバのセットアップ
  hosts: dnsservers
  roles:
    - common
    - bind
```

ここでは、Playbookをwebservers、dbservers、dnsservers向けに分割しています。このように分割しておくことで、特定のサーバだけにPlaybookを適用する場合に、単体のファイルを指定することで容易に適用可能になります。全ホストに一括で適用したい場合は、すべてのファイルをinclude（4章4.7節「Playbookを分割する（include）」参照）した大本のPlaybook（site.yml）を指定すればOKです。

ここまで完成すれば、Playbookの大枠の構成はできたといって良いでしょう。あとは、各Roleの中に必要なTaskを記述していく形になります。Taskを記述するのに必要なさまざまなModuleの使い方については、6章で解説します。

3.2 Ansibleを適用するホストの準備

AnsibleはSSHを使用して対象ホストを操作することを1章で説明しました。Ansibleでは対象のホストにエージェントなどを導入する必要はありませんが、SSHで接続できるようにする設定は最低限行っておく必要があります。

Ansibleで対象サーバを操作する際には、以下が必要となります。

- SSHサーバが起動していること
- SSH接続可能なrootユーザもしくはsudo可能なユーザ

すでに運用中のサーバであれば、多くの場合、これらはすでに準備されているでしょう。また、クラウドサービス上やVagrantなどでイメージから作成したVMの場合、SSHで接続して設定するのが前提になっているため、設定済みの状態になっていることが多いです。ここまでの演習で使用してきたVagrantの環境も、これらの設定はあらかじめ実施されていました。

しかし、手動で物理サーバまたはハイパーバイザ上のVMにOSをインストールした場合は、これらを事前に設定しておく必要があります。ここでは、利用されている方が多いと思われるUbuntuとRHEL/CentOSを例に、Ansibleで管理できるようにするまでの手順を解説します。

なお、以下の手順はUbuntuではインストール時に作成したsudo可能なユーザ、RHEL/CentOSではrootユーザでの作業を前提としています。

SSHサーバのインストール

インストールオプションによってはOSインストール直後からSSHサーバが起動している

ことも多いですが、インストールされていない場合は手動でインストールする必要があります。

・Ubuntu 14.04 LTSの場合

```
$ apt-get -y install openssh-server
```

・RHEL/CentOS 7.1の場合

```
# yum install -y openssh-server
```

Ansible接続用のユーザの作成とsudoの設定

Ubuntuの場合は、インストール時の作成ユーザであらかじめsudoが許可されているため、デフォルトユーザをそのまま使用する形でもかまいません。RHEL/CentOSの場合は、rootユーザでのSSH接続は通常許可されていないため、別途Ansible接続用のユーザを準備する必要があります（rootユーザのSSH接続を許可する方法もありますが、セキュリティ上推奨されません）。Ansibleからは通常ユーザで接続し、パッケージインストールなど管理者権限が必要な操作を行う場合のみ、明示的にbecomeを使用して管理者権限を取得する、としておいたほうが良いでしょう。

また、既存のサーバをAnsibleの管理対象に加える場合、Ansible接続用のユーザを同一のユーザ名とSSH鍵で全サーバに作成しておくことをお勧めします。なぜなら、サーバによって接続ユーザが違う場合、Ansibleから接続する際の設定が複雑になるからです。ただし、このあたりの設定は組織のセキュリティポリシーによっては許可されないこともあるかと思いますので、利便性とセキュリティのバランスを考慮して設定してください。

次のようにして、Ansible接続用のユーザ（ここでは「ansible」ユーザ）の作成とパスワードの設定、sudoの許可設定を行います。

```
$ sudo useradd -m ansible
$ sudo passwd ansible
Enter new UNIX password:
Retype new UNIX password:
passwd: password updated successfully

$ sudo visudo
```

visudoコマンドを実行するとエディタが立ち上がり、次のようなファイルの編集画面になります。

・visudoで編集するsudo設定ファイル（/etc/sudoers）

```
#
# This file MUST be edited with the 'visudo' command as root.
#
# Please consider adding local content in /etc/sudoers.d/ instead of
# directly modifying this file.
#
# See the man page for details on how to write a sudoers file.
#
Defaults        env_reset
Defaults        mail_badpass
Defaults        secure_path="/usr/local/sbin:/usr/local/bin:/usr/sbin:/usr/bin:/sbin:/bin"

# Host alias specification

# User alias specification

# Cmnd alias specification

# User privilege specification
root    ALL=(ALL:ALL) ALL
```

```
# Members of the admin group may gain root privileges
%admin ALL=(ALL) ALL

# Allow members of group sudo to execute any command
%sudo   ALL=(ALL:ALL) ALL

########################## 追加（始） ##########################
ansible ALL=(ALL:ALL) ALL                  ← sudoにパスワードを要求する場合
ansible ALL=(ALL:ALL) NOPASSWD:ALL         ← sudoにパスワードを不要にする場合
########################## 追加（終） ##########################

# See sudoers(5) for more information on "#include" directives:

#includedir /etc/sudoers.d
```

「### 追加（始）～ 追加（終）###」と書かれた行を記述すると、今回作成した「ansible」ユーザでsudoを使用できるようになります。末尾をNOPASSWD:ALLとするとsudo使用時にパスワードの入力が不要になります。NOPASSWDを記載しなかった場合、sudo使用時にパスワード（passwdコマンドで設定したansibleユーザのパスワード）の入力を求められるようになります。この場合、ansibleコマンド実行時に-Kオプションを使用してsudoパスワードの入力が必要です。

SSH鍵の設定

Ansibleが対象サーバに接続するために、SSH鍵を導入しておきましょう。なお、対象のサーバにSSHでパスワードログインを許可している場合は、この設定は必ずしも必要ではありませんが、なるべく設定しておくことをお勧めします。

まず、どこかのサーバ上（ローカルでもAnsible適用先のサーバでもかまいません）で秘密鍵と公開鍵のペアを生成します。「passphrase」は公開鍵認証でSSH接続するときに必要となるパスワードです。空欄にするとパスワードなしの鍵ファイルとなり、鍵ファイルのみで対象サーバにSSHログインできるようになります。passphraseを入力した場合は、ansible

コマンド実行時に-kオプションでパスワードの入力が必要になります。

```
$ ssh-keygen -t rsa -b 2048
Generating public/private rsa key pair.
Enter file in which to save the key (/home/ansible/.ssh/id_rsa): /home/ansible/.ssh/id_rsa.an
sible   # ←-- 鍵ファイルの保存先、ファイル名を入力
Enter passphrase (empty for no passphrase):  ←鍵認証時のパスワードを入力
Enter same passphrase again:  ←再入力
Your identification has been saved in /home/ansible/.ssh/id_rsa.ansible.
Your public key has been saved in /home/ansible/.ssh/id_rsa.ansible.pub.
The key fingerprint is:
2d:af:3d:35:65:0b:12:f7:a2:df:1f:81:5d:11:22:d0
The key's randomart image is:
+--[ RSA 2048]----+
|         .o. . o.|
|          .Eo . .|
|           o .  .|
|         .. o * .|
|        S .o * + |
|         o. o . .|
|          .o o . |
|         o. . . .|
|        . ..   ..|
+-----------------+

$ ls ~/.ssh/
authorized_keys  id_rsa.ansible  id_rsa.ansible.pub
```

これで、id_rsa.ansible（秘密鍵）とid_rsa.ansible.pub（公開鍵）のペアが生成されました。生成できたら、次は公開鍵をAnsible適用対象の全サーバに配布しましょう。

```
生成した.pub ファイルをscpで対象hostのホームディレクトリに転送
~$ scp ~/.ssh/id_rsa.ansible.pub ansible@192.168.33.10:~
The authenticity of host '192.168.33.10' can't be established.
ECDSA key fingerprint is 7b:a3:1a:1a:32:79:a1:2c:eb:7f:0e:f7:fd:33:1f:c6.
Are you sure you want to continue connecting (yes/no)? yes
Warning: Permanently added 'localhost' (ECDSA) to the list of known hosts.
```

```
ansible@localhost's password:
id_rsa.ansible.pub
100%  399     0.4KB/s   00:00

ansible@localpc:~$ ssh ansible@192.168.33.10
ansible@192.168.33.10's password:
Welcome to Ubuntu 14.04.3 LTS (GNU/Linux 3.13.0-44-generic x86_64)

 * Documentation:  https://help.ubuntu.com/

  System information as of Sun Feb 28 14:11:41 JST 2016

  System load:  0.0               Users logged in:        1
  Usage of /:   19.2% of 58.93GB  IP address for eth0:    10.211.55.11
  Memory usage: 18%               IP address for docker0: 172.17.42.1
  Swap usage:   0%                IP address for virbr0:  192.168.122.1
  Processes:    243

  Graph this data and manage this system at:
    https://landscape.canonical.com/

306 packages can be updated.
169 updates are security updates.

Last login: Sun Feb 28 14:11:41 2016 from localhost
SSHの設定ディレクトリを作成し、認証済み鍵ファイルに公開鍵を書き込む
ansible@webserver01:~$ mkdir .ssh
ansible@webserver01:~$ cat id_rsa.ansible.pub >> .ssh/authorized_keys
ansible@webserver01:~$ chmod go-rwx .ssh/authorized_keys
ansible@webserver01:~$ exit
Connection to 192.168.33.10 closed.
```

これで対象のホストにansibleユーザの公開鍵認証でSSHログインできるようになりました。

Ansible側の接続設定

SSHサーバとログインユーザの設定が終わったら、AnsibleのPlaybook側にSSHで接続するための設定を行う必要があります。AnsibleのSSH接続設定には、大きく分けて設定ファイルで設定する方法と変数で設定する方法の2種類があります。どちらを使うべきかは、対象ホストにログインするユーザやSSH鍵、パスワードが統一されているかどうかによって決めると良いでしょう。

(1) 全環境・全ホストで使用するユーザ／SSH鍵／パスワードが統一されている場合

最も設定が簡単なのがこのパターンです。全ホストでログイン方法が一緒ですので、設定ファイルにデフォルト値として記載してしまえば、ホストごとにユーザ名や鍵ファイル名を記載する必要がありません。設定ファイルに記載する場合、Playbookディレクトリ以下のansible.cfgファイルにprivate_key_file、remote_userオプションを記述します。

・ansible.cfg

```
[defaults]
private_key_file=~/.ssh/id_rsa.ansible
remote_user=ansible
```

このように記述しておくことで、すべてのホストに対してansibleユーザで~/.ssh/id_rsa.ansibleの秘密鍵を使って接続するようになります。

(2) 環境ごとにユーザやSSH鍵が違うが、1つのInventory fileの中では統一されている場合

開発環境と本番環境で別々の鍵を使用している場合などがこれにあたります。この場合は、Inventory fileの中で定義できる全ホストに適用される変数で設定すると良いでしょう。

Inventory fileの中で変数を定義するには、[**グループ名**:vars]のあとに**変数名** = **値**の形

で記載します。allグループに対して変数を設定することで、Inventory fileの中の全ホストに対して変数を適用できます。group_vars/allに記載した場合と違い、Inventory fileの中に記載しているため、別のInventory fileを指定した場合には影響を与えません。ansible_userでSSH接続ユーザを、ansible_ssh_private_key_fileで秘密鍵ファイルを指定できます。ansible.cfgで設定する場合とは名前が違うことに注意してください。

・development

```
[all:vars]
ansible_user=ansible
ansible_ssh_private_key_file=~/.ssh/id_rsa.develop

[webservers]
web01 ansible_host=192.168.33.10

[dbservers]
db01 ansible_host=192.168.33.20
```

・production

```
[all:vars]
ansible_user=ansible
ansible_ssh_private_key_file=~/.ssh/id_rsa.production

[webservers]
web01 ansible_host=10.0.0.10

[dbservers]
db01 ansible_host=10.0.0.20
```

(3) 同じInventory fileの中でホストごとに接続ユーザやSSH鍵が違う場合

設定が煩雑になるのであまりお勧めできませんが、ホスト単位で接続ユーザやSSH鍵を変えることができます。ホスト単位でこれらの値を変更するには、ansible_user、ansible_ssh_private_key_file変数をInventory fileの中でホストごとに記述します。

```
[webservers]
web01 ansible_host=192.168.33.10 ansible_user=webuser ansible_ssh_private_key_file=~/.ssh/↩
id_rsa.web

[dbservers]
web02 ansible_host=192.168.33.20 ansible_user=dbuser ansible_ssh_private_key_file=~/.ssh/↩
id_rsa.db
```

見てのとおり、Inventory fileが非常に複雑になってしまうので、Ansible接続用のユーザと鍵は統一しておくことをお勧めします。しかし、既存のサーバで新たにユーザを作成できない場合や、セキュリティ上の理由によりサーバ単位で鍵を変えなければいけない場合などは、この方法を使って個別にユーザやSSH鍵を変更してください。

パスワードの指定方法

上記の(1)(2)(3)のケースは、パスワードなしでログインできるSSH鍵を設定している場合向けの方法です。鍵にパスワードを設定している場合や、鍵なしのパスワード認証で接続する場合はパスワードを指定する必要があります。パスワードの設定はansible_ssh_pass変数もしくはPlaybook実行時の-kオプションで実行時に入力できます。

また、sudoの設定時にsudoでパスワードを要求する設定にしていた場合、そのパスワードも指定する必要があります。sudoパスワードの設定はansible_become_pass変数もしくはPlaybook実行時の-Kオプションで実行時に入力できます。省略時はSSHのパスワードが使われます。

・Inventory file全体に設定する場合

```
[all:vars]
ansible_user=ansible
ansible_ssh_pass=p@ssw0rd
ansible_become_pass=p@ssw0rd
```

・ホストごとに設定する場合

```
[webservers]
192.168.33.10 ansible_user=ansible ansibe_ssh_pass=p@ssw0rd ansible_become_pass=p@ssw0rd
```

・コマンドライン引数で設定する場合

```
$ ansible-playbook site.yml -kK
SSH password: p@ssw0rd
SUDO password[defaults to SSH password]: p@ssw0rd
```

パスワードをInventory fileにベタ書きしておくのはセキュリティ上好ましくありませんので、パスワードレスでのSSH鍵認証やsudoコマンド実行ができない設定になっている場合、通常はコマンドライン引数でパスワードを指定するようにしておくべきでしょう。しかし、コマンドライン引数での指定は全ホストに適用されてしまうため、(3) のようにホストごとにパスワードが違うパターンには対応できません。また、プロンプトが出るため「ほかのスクリプトからansibleコマンドを実行する」などの自動化をしたい場合は、適用が難しくなります。

このようにパスワードを扱う変数を安全にPlaybookの中に保存したいというケースのために、Ansibleにはansible-vaultという変数を暗号化して保存する仕組みが用意されています。ansible-vaultの使い方については、5章5.2節「変数を暗号化して保存する (ansible-vault)」で紹介します。

第4章

複雑なPlaybookの作り方

前章までで、基本的なPlaybookの書き方と実行方法を紹介してきました。Ansibleを使用した簡単なサーバの構成管理は習得していただけたと思います。本章では、分岐や変数を用いたより高度なPlaybookの書き方について解説します。

4.1 リスクとリターン

本章で紹介するPlaybookの記述方法は、これまで紹介してきたような、実行するTaskを単純に上から順番に列挙するというシンプルな書き方ではなく、プログラミング言語による記述方法に近い、ループや条件付き実行、例外処理などが含まれます。Ansibleでは、YAMLという（本来は）データ構造を表現する記法の中で、無理やりプログラムのロジックに近い処理の書き方を実現しているため、とくにプログラミングに馴染みのない方には一見して読みづらい、何をしているのか理解しづらいと感じられるかもしれません。そのため、Ansibleを使い始めたばかりの方や、普段プログラミングを行わず、if文、for文といった言葉に馴染みのない方、シンプルな手順書に近いPlaybookの形を保ちたいと考えている方は、本章の内容はスキップしていただいてもかまいません。

しかし、これらの機能はうまく使えば強力な武器になります。Playbookの書き方が冗長だと感じていたり、Chefなど複雑な書き方ができる構成管理ツールの使用経験があり、Ansibleの記述方法に物足りなさを感じていたりする方は、ぜひ本章の内容をマスターすることをお勧めします。

4.2 処理をループさせる（with_items、with_dict）

あるTaskに対して、一部のパラメータだけを変更して繰り返し実行させたい場合があります。たとえば、複数のサービスをまとめて再起動したい、複数のファイルをまとめて転送したいといった場合です。そのような場合のために、Ansibleにはパラメータを変えてTaskを繰り返し実行するループ記法が存在します。

with_items

ループ記法の中で最も基本的な書き方がwith_itemsです。これは、単純に複数の要素に対して繰り返し1つのTaskを実行する書き方です。with_itemsを使った繰り返し実行を行うには、次のように記述します。

```
- service: name={{ item }} state=restarted
  become: yes
  with_items:
    - apache2
    - mysql
```

```
- file: src={{ item }} dest=/var/www/html/
  with_items:
    - index.html
    - style.css
    - banner.jpg
```

with_itemsを使用する場合、Taskの定義にwith_itemsというパラメータを追加し、配列形式でループさせたい要素を指定します。実行されると、with_itemsに指定した複数の要素が順番にitemという変数に格納され、繰り返しTaskが実行されます。

1つめの例では、with_itemsにapache2とmysqlという2つの文字列を指定しており、service Moduleで再起動する対象のサービス名を{{ item }}としています。この場合はApache2、MySQlの2つのサービスが順番に再起動されます。

2つめの例では、with_itemsに3つのファイル名を指定し、file Moduleで転送する対象のファイル名を{{ item }}としています。この場合は、Roleのディレクトリ内に配置されているfilesディレクトリ（roles/{{ role_name }}/files）の中からindex.html、style.css、banner.jpgの3つのファイルが、順番にリモートホストの/var/www/html/ディレクトリの中に転送されます。

with_itemsを使用すると、このように同じTaskの繰り返しを何度も記述することなく、シンプルにまとめることができます。

with_dict

with_dictは名前付き配列（hash/dictと呼ばれることもあります）に対してループする記法です。

YAMLには2つのデータ構造があります。1つは単純な配列で、次のような記述方式です。

```
foo:
  - 要素1
  - 要素2
```

もう1つが名前付き配列で、次のような記述方式です。

```
bar:
  key1: value1
  key2: value2
```

後者に対するループをする場合に、with_dictを用います。

OSに複数のユーザを作成する場合を例に考えてみましょう。group_varsなどで、ユーザの情報を次のような変数で定義しているとします。

```
users:
  tarou:
    password: $6$vSX0dDPCSpGd$/CY1.uSVvu.mZemFhwvPZeunGz0KwrvxpwRU5C.9MnWtiexQ7907/1TbIR.➡
0ae/Cx/UZDpfxYiVGZZNIRzutp.
  hanako:
    password: $6$IliCmBS99lIK/h$7N98qdG7iog91jDALWoxxQe.Pc.5FOtcyP4eycTXtcvYKpX/aMQM/0zVpNn➡
lQIzmD5Whk60.pd55Vt3XGKqDk1
```

このusersという変数に対して、それぞれユーザを作成する場合、次のようにTaskを記述します。

```
- user: name={{ item.key }} password={{ item.value.password }}
  with_dict: users
```

このTaskを実行すると、with_dictに指定したusers変数の直下にあるkey、valueのペアに対してループが実行され、ループの中ではそれぞれの値を`item.key`、`item.value`で参照できます。ユーザ名など、識別子に文字列を使いたいリストの場合に有効な記法です。

ループ記法にはこのほかにも、ネストされた配列に対するループやファイルを検索して見つかったファイルパスに対するループなど、複雑な記法が多数存在します。with_items、with_dictで対応できない、より複雑なループ構造を記述したい場合は、公式サイトのLoopsの解説[注1]も参考にしてみてください。

注1 http://docs.ansible.com/ansible/playbooks_loops.html

4.3 処理結果を変数に保存し、ほかのTaskで使う（register）

あるTaskの処理結果を、後段のTaskの引数として処理させたい場合があります。たとえば、あるTaskでダウンロードしたファイルを、次のTaskで展開したい場合などです。Ansibleには、registerというあるModuleの処理結果を変数として保存する仕組みがあります。registerを使用するには、Taskを定義する箇所に`register: 変数名`と記述します。

```
- get_url: url=https://github.com/kota-row/ansible-practice/archive/master.zip dest=/tmp
  register: get_zip

- debug: var=get_zip

- unarchive: src={{ get_zip.dest }} dest=/tmp
```

実行すると、次のような出力が得られます。

```
$ ansible-playbook register.yml -vv

Using /Users/big/ansible-practice/ansible.cfg as config file
1 plays in register.yml

PLAY ***************************************************************************

TASK [get_url] *****************************************************************
ok: [192.168.33.10] => {"changed": false, "checksum_dest": "35ea8ab7b33d014315fcde9a6cdfd05⏎
0245cfb49", "checksum_src": "35ea8ab7b33d014315fcde9a6cdfd050245cfb49", "dest": "/tmp/⏎
ansible-practice-master.zip", "gid": 100, "group": "users", "md5sum": "155b44925041bde2354a⏎
6bfb3bf439ac", "mode": "0644", "msg": "OK (994 bytes)", "owner": "ansible", "size": 994, ⏎
"src": "/tmp/tmppy9kU5", "state": "file", "uid": 1002, "url": "https://github.com/kota-row/⏎
ansible-practice/archive/master.zip"}
```

```
TASK [debug] ********************************************************************
ok: [192.168.33.10] => {
    "get_zip": {
        "changed": false,
        "checksum_dest": "35ea8ab7b33d014315fcde9a6cdfd050245cfb49",
        "checksum_src": "35ea8ab7b33d014315fcde9a6cdfd050245cfb49",
        "dest": "/tmp/ansible-practice-master.zip",
        "gid": 100,
        "group": "users",
        "md5sum": "155b44925041bde2354a6bfb3bf439ac",
        "mode": "0644",
        "msg": "OK (994 bytes)",
        "owner": "ansible",
        "size": 994,
        "src": "/tmp/tmppy9kU5",
        "state": "file",
        "uid": 1002,
        "url": "https://github.com/kota-row/ansible-practice/archive/master.zip"
    }
}

PLAY RECAP **********************************************************************
192.168.33.10              : ok=2    changed=0    unreachable=0    failed=0
```

このサンプルでは、get_url Moduleでファイルをダウンロードした結果を`get_zip`というregisterに保存し、次のTaskでdebug Moduleを使ってget_zip変数の中身を表示、最後のTaskでダウンロード先のパスをget_zip変数の中から取得してunarchive Moduleで展開しています。get_urlの実行結果を見るとJSONが表示されていますが、このJSONが`register: get_zip`の中に保存されている内容です。registerの中に保存された変数は、ほかの変数と同じように{{ **変数名** }}で取り出して使用できます。

また、registerは単純にTaskのパラメータに文字列として埋め込むだけではなく、分岐処理やループ処理に使用することもできます。

4.4 処理を分岐させる (when/failed_when)

when

Playbookを書いていると、ある特定の条件のときだけTaskを実行したい場合があります。たとえば次のようなケースです。

- 複数OS対応のPlaybookで、あるOSのときだけ処理を行いたい
- あるファイルが存在するときは処理をスキップしたい

このようなケースに対応するために、AnsibleにはTaskを実行するかしないかを動的に判定する機能があります。whenを使ってTaskの実行条件を指定するには、次のように記述します。

```
- apt: name=apache2 state=installed
  when: ansible_distribution in ['Ubuntu', 'Debian']

- yum: name=httpd state=installed
  when: ansible_distribution in ['RedHat', 'CentOS']
```

この例では、ansible_distributionというFacts(2章2.7節「変数の扱い方」参照)を使用して、OSの種類に応じてHTTPサーバをインストールする方法を分岐させています。ディストリビューションがUbuntuまたはDebianの場合はapt Moduleを使用してapache2パッケージをインストールし、RHELおよびCentOSの場合はyum Moduleを使用してhttpdパッケージをインストールします。

また、前節で解説したregisterと組み合わせることで、直前のTaskの結果によって処理を実施するかしないかを判断させることもできます。次の例は、ファイルが存在するかどうかをチェックし、存在しない場合のみダウンロードして指定のパスに配置する、という書き方です。

```
- stat: path=/path/to/file
  register: some_file

- get_url: url=http://example.com/path/to/file.txt dest=/path/to/file
  when: some_file.stat.exists == False
```


この例ではstatというModuleを使用してファイルの存在をチェックしています。stat Moduleは、ファイルやディレクトリのパスを指定することで、指定したパスの存在有無や状態を取得できるModuleです。おもにこのようなregisterと組み合わせた分岐処理のために使用します。stat Moduleで取得し、registerに格納された実行結果の中にはexistsという変数が含まれており、これがTrueならばファイルまたはディレクトリが存在し、Falseなら存在しないということになります。

ちなみに、get_url Module自体にも冪等性があるため、本来であればこのような分岐処理をせずに無条件でget_urlを実行しても問題ありません。Module自体が再ダウンロードによってファイルが更新されたかされていないか（再ダウンロード前と同一のファイルかどうか）を判断してchanged: Trueまたはchanged: Falseとして適切に更新結果を返してくれます。

しかし、ダウンロードするファイルが数GB以上の巨大なファイルだった場合はどうでしょうか。get_urlはファイルの更新がない場合でもファイルを一時的なパスにダウンロードして、対象ホストにすでに存在するファイルと比較し、差分があれば置き換え、差分がなければ何もしない、という挙動をします[注2]。そのため、このTaskを実行するかしないかで、環境によってはPlaybookの実行時間が数分〜数十分単位で変わってくることになり、スキップすることによって大幅な高速化が望めます。

注2 checksumなどが別途用意されていない単純なファイルのダウンロードにおいては、一度ファイルをすべてダウンロードしなければ更新する必要があるかないかを判断できないため、ある意味当然の動きです。

Taskの実行有無を制御するwhenにはデメリットもあります。それは、たとえば上記のような指定のURLからファイルをダウンロードしてくるTaskの場合、リモートのファイルが更新されてもローカルにすでに同名のファイルが配置されている場合は更新されないということです。また、Ansibleによる冪等性担保を捨ててユーザがプログラミング言語に近い分岐処理を記述するため、Playbookの可読性も下がります。そのため、以下に示すような特殊なケースを除いてはwhenによる分岐処理は極力使用しないほうが望ましいでしょう。

- 巨大なファイルのダウンロードなどを伴い、再実行に時間がかかる場合
- SSH鍵の生成など、実行するたびに生成結果がランダムで変わるが、2回目以降は上書きせずに既存のものを使いたい場合
- データベースの初期作成など、そもそも2回実行できない場合

failed_when

一部のコマンド実行などにおいて、AnsibleのModuleの通常の挙動では失敗と判断されてしまうが成功として扱いたい、という場合があります。このような場合のために、AnsibleにはTaskの成功／失敗条件をユーザが変更することができる`failed_when`という記法が存在します。

```
- command: /bin/false
  register: result
  failed_when: result.exitstatus not in [0, 1]

- command: echo 'error'
  register: result
  failed_when: "'error' in result.stdout"
```

この例では、2つのTaskでfailed_whenを使ってコマンドの終了条件を書き換えています。

1つめのTaskではfailed_whenの条件に`result.exitstatus not in [0, 1]`という条件を指定しています。これは、「command Moduleの`exitstatus`が0または1の場合は失敗とみなす」という書き方です。

command Moduleの場合、通常は実行したコマンドのexitstatusが0の場合は成功、0以外の場合は失敗として扱われますが、コマンドによっては失敗しても`exit 1`を返さずに、標準エラー出力にエラーメッセージを出力するような作りになっていることもあります。このような場合にexitstatusの判定条件をfailed_whenで変更することで、`exit 1`が返ってきても失敗として扱わずに、Playbookを継続実行させることができます。また、この条件の場合はexitstatusが0か1であることを期待しているため、コマンド自体が存在しないという想定外の場合はエラーとなります（Linux系OSではコマンドが存在しない場合、`exit 2`を返します）。

2つめのTaskではfailed_whenの条件に`"'error' in result.stdout"`という条件を指定しています。これは標準エラー出力に「error」という文字が含まれている場合にTaskを失敗として扱い、それ以外の場合は成功として扱います。失敗しても`exit 1`を返さずに標準出力にエラーメッセージを出力するようなコマンドを実行する場合などに有効な書き方です。

このTaskでは`failed_when`の条件を" "と' 'の二重のクォーテーションで囲っていますが、これはYAMLの記法上の制限によるものです。YAMLは特殊記号を含む文字列などを表現するために値全体を" "や' 'で囲うことができますが、この記法の影響で文字列の最初が'や"で始まっていると囲い文字とみなされてしまいます。`failed_when`の条件として文字列を表すためにも'error'のようにクォーテーションを使用する必要があるため、条件の最初に文字列が来る場合は文字列と条件全体の両方をそれぞれシングルクォーテーション、ダブルクォーテーションの両方を使用して囲う必要があります。

4.5 変更が行われた場合に処理を起動する(handler)

多くのソフトウェアでは、設定ファイルを変更した場合に反映のための再起動が必要となります。Ansibleでは、サービスの再起動はservice ModuleのTaskとして記載することもできますが、変更が加えられておらず再起動が不要な場合は、瞬断時間を避けるために極力再起動を行いたくない場合もあるでしょう。

Ansibleにはこのような場合のために、あるTaskで変更が行われた場合にのみ特定の処理を起動するhandlerという機能が備わっています。

handlerを使うためには、Roleを作成し、Role内にhandlersというディレクトリを作成して、そこに実行する内容を記載する必要があります。

```
roles/
 └ apache2/
    ├ templates/
    |    └ apache2.conf.j2
    ├ tasks/
    |    └ main.yml
    └ handlers/
         └ main.yml
```

・tasks/main.yml

```
- name: install apache2
  apt: name=apache2 state=installed
  notify: restart apache2

- name: setup httpd.conf
  template: src=apache2.conf.j2 dest=/etc/apache2/apache2.conf
  notify: restart apache2
```

・**handlers/main.yml**

```
- name: restart apache2
  service: name=apache2 state=restarted
```

handlerを呼び出すためには、Taskを実行するときに`notify`オプションを記載します。notifyオプションが付けられたTaskが実行された際、そのTaskによって何かしらの変更が行われた場合、AnsibleはPlayの最後に同名のhandlerを1回だけ実行します。

ここで重要なのは、「Playの最後に実行される」ことと、「同名のnotifyを何度呼んでもhandlerは1回だけ実行される」ことです。

たとえば、apt Moduleによるパッケージインストールとtemplate Moduleによる設定ファイルの変更の両方に同名のnotifyを設定し、handlerにサービスを再起動する処理を記載したとしましょう。すると、次のいずれかの場合、最後に1回だけ再起動が実行されます。

- apt Moduleによりパッケージが新規インストールされたとき
- apt Moduleによりパッケージのバージョンがアップグレードされたとき
- template Moduleにより設定ファイルが書き換わったとき

逆に、インストール済みでバージョンアップもなく、設定ファイルも更新されていない場合は再起動が行われません。

4.6 処理をリトライさせる (until)

近年のインフラ構築において、リモートリポジトリからのパッケージインストールは必要不可欠となっています。aptやyumのようなOSのパッケージ、gemやpip、npmのようなプログラミング言語のライブラリなど、インターネット上に多くのパッケージが公開されており、これらを利用することで効率的に依存関係を解決し、必要なパッケージをそろえることができます。

しかし、ネットワークを経由したダウンロードは必ずしも毎回うまくいくとは限りません。リモートのリポジトリサーバに一時的に負荷が集中しているときや、アクセス経路の回線によってもつながらなくなるケースがあります。このような障害への対策として最も有効なのは、失敗した場合にリトライすることです。

Ansibleには、実行したTaskの結果を判断して一定の条件が成立するまでTaskを繰り返しリトライするuntilという記法があります。次の例は、「apt Moduleを使ってパッケージをインストールする際に、失敗した場合はリトライを行う」という書き方です。

```
- apt: name=mysql state=installed
  register: result
  until: result | success
  retries: 3
  delay: 5
```

この例では、aptを利用してmysqlをインストールし、失敗した場合は5秒間隔で最大3回までリトライしています。リトライを行う場合、register、until、retries、delayという4つのパラメータを同時に指定する必要があります。registerにTaskの実行結果を格納し、untilでregisterの内容を使った成功判定条件を記述し、retriesで指定した回数までdelayの秒数間隔を空けてリトライします。

> untilの部分にresult | successという見慣れない記法がありますが、これはAnsibleで使用されているJinja2というテンプレートエンジンの、filterと呼ばれる機能を利用した判定方法です。テンプレートエンジンとは、プログラミング言語の処理結果をあらかじめ用意されたテキストの中に埋め込んで出力できる機能の総称です。テンプレートテキストの中に変数やループ／分岐を始めとしたプログラミング言語の記法を埋め込むことができ、呼び出したタイミングで実行結果を埋め込んだテキストを生成できるため、おもに動的なWebページの生成などに使われています。
>
> AnsibleではPlaybookの中のYAMLの要素自体をJinja2のテンプレートテキストとして読み込んでおり、YAMLの各行を一度Jinja2の機能で処理して、生成された結果のテキストをModuleに渡しています。これにより、変数の埋め込みや、分岐条件を動的に設定することが可能になります。

Ansibleでは実行結果を判定するためにsuccessというfilterが定義されています。実行結果のregisterの内容を | でつないでsuccessに渡すことにより、Moduleの実行結果が成功であるか失敗であるかを判断できます。また、untilの条件にはfailed_whenと同じように、Moduleの返り値（exitstatusやstdoutなど）を指定することもできます。

4.7 Playbookを分割する（include）

Playbookで実行するTaskの数が多くなってくると、1つのファイルにTaskを列挙する形では見通しが悪くなってきます。Roleを分割することである程度はファイルを分けることができますが、複雑なPlaybookを作っていると、それでも「roles/{{ role_name }}/main.yml」が何十個ものTaskを持つようになってしまいます。

このような場合、`include`を使用してファイルを分割する方法が有効です。includeはRoleの中のファイルと、トップレベルのPlaybookファイル両方に使用できます。

Roleの中のファイルを分割する場合、次のようなファイル構成にします。

```
roles/
└── role_name
        └── tasks/
                ├── main.yml
                ├── a.yml
                └── b.yml
```

・main.yml

```
- include: a.yml
- include: b.yml
```

Playbook内でRoleが指定された場合、「roles/{{ role_name }}/tasks/main.yml」が自動的に読み込まれて実行されます。Role内のTaskを分割する場合、main.ymlはほかのファイルをincludeする記述のみを列挙し、分割したファイルに実際のTaskを記述する方式が一般的です。

トップレベルのPlaybookを分割する場合も、同じ記述で分割できます。Playbookがある程度の規模になってくると、トップレベルのPlaybookはRoleの記述をするだけになり、直接Taskを記載することはまれであるため、可読性を目的にファイルを分割することにはあまり意味がありません。トップレベルのPlaybookを分割する目的は、おもに一部のTaskだけを適用したいケースなどにおいて、実行する範囲を絞るために「一部を実行するPlaybook」と「それらをincludeした全体のPlaybook」を用意することです。

次の例は、ホストに割り当てたグループ単位でPlaybookを分割しています。WebサーバとDBサーバを構築するPlaybookで、両方のホストにcommonという共通Roleを適用し、Webサーバにはhttpdを設定するRole、DBサーバにはmysqlを設定するRoleを適用する場合を考えてみましょう。

・site.yml

```
- include: webservers.yml
- include: dbservers.yml
```

・webservers.yml

```
- hosts: webservers
  roles:
    - common
    - httpd
```

・dbservers.yml

```
- hosts: dbservers
  roles:
    - common
    - mysql
```

このように分割した場合、site.ymlを指定して実行すれば全ホストに、webservers.ymlとdbservers.ymlを指定して実行した場合は指定したグループに所属するホストのみに適用できます。ある種別のホストのみを更新したい、という場合に有効です。

```
$ ansible-playbook site.yml -i hosts          ← 全ホストに適用
$ ansible-playbook webservers.yml -i hosts    ← Webサーバのみに適用
$ ansible-playbook dbservers.yml -i hosts     ← DBサーバのみに適用
```

4.8 複数のTaskにまとめて条件を付けて制御する（block）

複雑なPlaybookを作成するようになると、サーバをある状態に変更するために、複数のTaskを1セットとして実行したいようなケースが出てきます。そのようなケースにおいて、本章で紹介してきた条件付きの実行やリトライ処理、ループ処理を行いたい場合、連続した複数のTaskのすべてにwhenなどの条件を記述する必要があります。

例として、パッケージ管理システムではインストールできないソフトウェアについて、ソースコードを直接ダウンロードしてきて、インストールしたいという場合を考えてみましょう。まず、インストールしようとしているソフトウェアのコマンドが、すでにインストールされているかどうかを確認します。インストールされていない場合のみ、ソースコードをダウンロードして展開し、ビルドしてインストールします。この一連の処理をPlaybookで記述すると次のようなソースコードになります。

```
- stat: /usr/bin/foo
  register: check_foo_installed

- unarchive: src=http://example.com/foo.tar.gz dest=/tmp
  register: unarchive_foo_package
  when: check_foo_installed.stat.exists == false

- command: chdir={{ unarchive_foo_package.dest }} ./configure
  when: check_foo_installed.stat.exists == false

- command: chdir={{ unarchive_foo_package.dest }} make
  when: check_foo_installed.stat.exists == false

- command: chdir={{ unarchive_foo_package.dest }} make install
```

```
  become: yes
  when: check_foo_installed.stat.exists == false
```

見てのとおり、ソースコードを展開し、ビルドして、インストールするという一連のTaskすべてに、whenでコマンドがすでに存在するかどうかの条件が記述されています。このような書き方をすると、どこまでがインストールされていない場合の処理なのかが、Playbookを見ても直感的に理解しにくくなります。また、該当部分にTaskを追加した場合もうっかりwhenを付け忘れたりするなど、バグの原因にもなりやすいです。プログラミングを普段から行っている方であれば、if文のように処理をまとめて囲って条件付けしたい、と思うことでしょう。

このような記述をシンプルにするために、Ansibleにはblock記法が存在します。blockはAnsible 2.0から新規に追加された機能で、複数のTaskをblockとしてグルーピングして、block全体にwhenで条件付けをしたりエラーハンドリングを記述したりすることができます。上記のサンプルをblock記法を使って記述すると、次のようになります。

```
- stat: /usr/bin/foo
  register: check_foo_installed

- block:
    - unarchive: src=http://example.com/foo.tar.gz dest=/tmp
      register: unarchive_foo_package

    - command: chdir={{ unarchive_foo_package.dest }} ./configure

    - command: chdir={{ unarchive_foo_package.dest }} make

    - command: chdir={{ unarchive_foo_package.dest }} make install
      become: yes
  when: check_foo_installed.stat.exists == false
```

いかがでしょうか。全体の行数も減り、whenの条件がどこからどこまでに掛かっているかもわかりやすくなりました。block記法を使う場合、`block:`の下に1段ネストしてblock

に含めるTaskを列挙して記述し、whenなどのblock全体に適用したいオプションはblock:と同じ階層に記述します。blockに指定可能なオプションとしては、次のようなものがあります。

- when（ブロック全体に対して実行条件を指定）
- become、become_user（block全体に対してTaskの実行ユーザを変更）
- vars（変数を設定した状態でTaskを実行）

一方で、block全体をwith_itemsでループ処理するということは、Ansible 2.0ではできません。

4.9 Playbookを高速化する

Playbookで実行するTaskの量が増えてくると、実行時間も長くなります。何十台というサーバをPlaybookで管理しようとすると、1回の適用が終わるまでに数時間を要する場合もあります。実行時間が長くなれば、せっかくAnsibleで自動化しても結果が出るまで待たなければならない時間が長くなってしまいます。本節では、Ansibleの実行速度を早くするためのテクニックを紹介します。

並列実行可能なPlaybookの書き方

Ansibleは同種のTaskを複数のホストに対して適用するとき、並列で実行してくれます。しかし、Playbookの書き方によって並列化できる場合とできない場合があります。Taskが同時に実行されるようにするためには、Playbookの同じ箇所に記述されている必要があります。Roleやincludeを使用している場合は、呼び出し元の記述箇所も一致している必要があります。

Playbookの例を2つ出すので、見比べてみてください。

・例1

```
---
- hosts:
    - host_a
  roles:
    - common
    - role_a
```

```
- hosts:
    - host_b
  roles:
    - common
    - role_b
```

Playbookは上から順番に実行されます。このPlaybookを実行すると、以下の順序で動きます。

(1) host_aにcommonを適用
(2) host_aにrole_aを適用
(3) host_bにcommonを適用
(4) host_bにrole_bを適用

commonはhost_aとhost_bの両方に実行されますが、Playbookの記述箇所が異なるため別々に実行されてしまいます。では、このPlaybookを次のように書き換えて実行してみましょう。

・例2

```
---
- hosts:
    - host_a
    - host_b
  roles:
    - common

- hosts:
    - host_a
  roles:
    - role_a

- hosts:
    - host_b
  roles:
    - role_b
```

このPlaybookを実行すると、以下の順序で動きます。

（1）host_aとhost_bに並列でcommonを適用
（2）host_aにrole_aを適用
（3）host_bにrole_bを適用

実行結果は1つ前の例と同じになりますが、commonがhost_aとhost_bに並列で適用されている点が異なります。このように、同じRoleを複数に適用する際には、記述箇所を1箇所にまとめることによって並列実行でき、Playbookの実行を高速化できます。

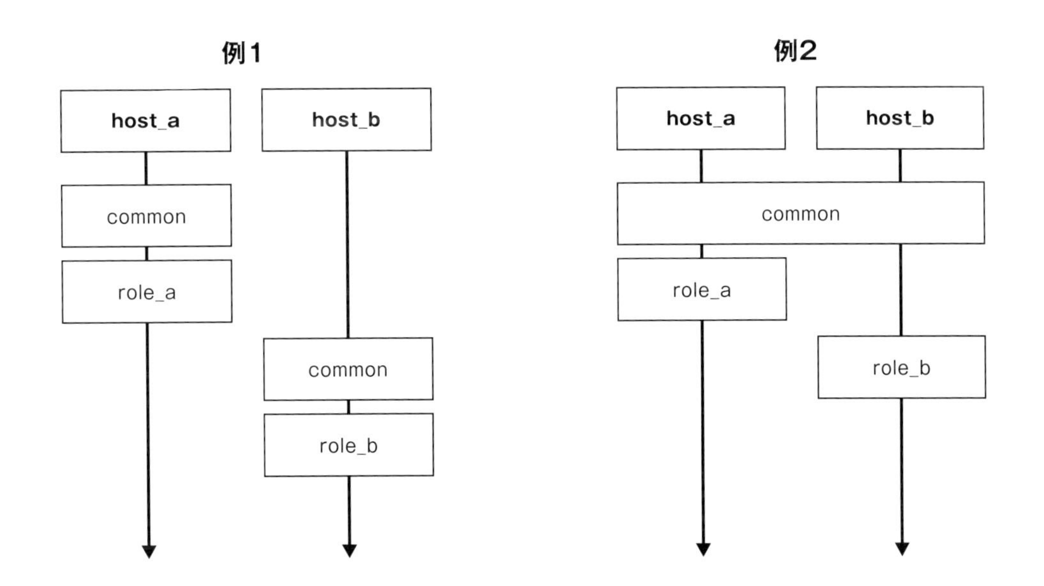

同じRoleを適用するときでも、次の例のように呼び出し時に変数が与えられている場合もあります。

```
---
- hosts:
    - host_a
  roles:
    - role: role_foo
      var1: foo
```

```
- hosts:
    - host_b
  roles:
    - role: role_foo
      var1: bar
```

このような場合、単純に同じ書き方でまとめることはできませんが、host_vars、group_varsなどのホストごとに別々の変数を定義する仕組みを利用してまとめることができます。次のように書き換えることで、Roleに変数が与えられている場合でもホストごとに別々の変数を与えつつ、並列で実行できます。

```
---
- hosts:
    - host_a
    - host_b
  roles:
    - role: role_foo
      var1: '{{ role_foo_var1 }}'
```

・host_vars/host_a

```
role_foo_var1: foo
```

・host_vars/host_b

```
role_foo_var1: bar
```

複数ホストに対して同様のTaskを適用する場合は、並列で実行することにより大幅な速度向上が望めます。並列実行の恩恵を最大限に受けられるようにするためには、Roleを複数のホストで共用できるよう、汎用的に構成することが重要です。Roleを作成する場合、変数やtemplateなどを利用して、設定値の違いを吸収できるように作成しましょう。

どうしても1つのRoleで汎用化できない場合、Roleを分割するのも1つの方法です。たとえば、あるソフトウェアをインストールして設定するRoleにおいて、設定ファイルのフォーマットや設定するためのコマンドがまったく違って共通化できない場合、インストールするRoleと設定するRoleを分割し、インストールするRoleのみ並列で実行する、という方法も効果があります。

非同期（async）Task

AnsibleのModuleの中には、実行にとても時間がかかるものがあります。たとえばget_urlによる巨大なファイルのダウンロードや、apt、yum Moduleによるパッケージのアップグレードなどです。これらのModuleを実行している間、Ansibleは通常、SSHのセッションを張ったまま処理が終了するのをただ待っています。

Ansibleでは、処理の長いTaskをバックグラウンドで実行し、ポーリング（応答がないか定期的に問い合わせること）を行うasyncという仕組みがあります。async Taskを実行するには、次のように記述します。

```
---
- apt: update_cache=yes upgrade=yes
  async: 600
  poll: 10
```

async Taskを実行する場合、Taskにasync:パラメータとpoll:パラメータを記述します。async:パラメータはTaskの最大実行時間を指定し、poll:パラメータは完了待ちのポーリングをする間隔を指定します。async Taskを実行すると、セッションを張ったままTaskの終了を待つのではなく、pollで指定した秒数ごとに接続をしなおしてTaskの完了を待つため、長時間のTaskでもセッション切断の心配をする必要がありません。

async Taskには、もう1つの使い方があります。poll:に0を指定することで、終了待ちのポーリングをすることなく次のTaskに進み、registerに保存しておくことで、ほかのTaskを実行したあとにasync Taskの終了待ちをすることができます。

```
---
- hosts: ubuntu01
  tasks:
    - apt: update_cache=yes upgrade=yes
      async: 30
      poll: 0
      register: apt_upgrade

    - command: echo foo

    - async_status: jid={{ apt_upgrade.ansible_job_id }}
      register: job_result
      until: job_result.finished
      delay: 3
      retries: 1
```

この例では、aptでパッケージのアップグレードを実行し、実行したジョブのIDをregisterに保存、ほかのTaskの実行が完了したあとに、保存したジョブのIDを使用してTaskの完了待ちをしています。async Taskの完了待ちはasync_status Moduleで可能です。async_status Moduleに、jidパラメータを使ってasync Taskのregisterで保存したansible_job_idを指定すると、async Taskの完了状況を取得できます。untilの条件にfinishedを指定することで、完了するまでリトライします。これにより、長いTaskをバックグラウンドで実行している間、負荷の軽い別のTaskを実行することができるようになり、実行時間の短縮が可能になります。

終了待ちを使ったasync Taskの実行に必要なポイントをまとめると、次のようになります。

- 実行時間の長いTaskにasyncパラメータと`poll: 0`を指定し、registerに結果を保存する（この場合、`async:`に指定した最大実行時間は無視されることに注意）
- async_status Moduleを実行し、引数に`jid={{ <async Taskのregister名>.ansible_job_id }}`を指定する
- async_statusの`until`条件にfinishedを指定し、`delay`、`retries`で完了待ちをする間隔、回数を指定する

async Taskはいくつでも実行可能ですが、あくまでも対象のサーバ上のバックグラウンドで実行されている点は注意してください。負荷の高いコマンドを複数並列で実行すればかえって処理が遅くなることもありますし、apt、yumのように1サーバで1並列でしか実行できないコマンドを同時に複数実行することはできません。

strategyを変更する

AnsibleはTaskを並列実行する場合、デフォルトの動作では1つのTaskを全対象ホストに並列で実行し、すべてのホストで実行が終わったあとに次のTaskに進みます。これは、複数ホストでクラスタリングなどを行う場合に処理の同期を取りやすいというメリットもありますが、ホストによってTaskの実行時間に差が出る場合、全体の実行時間は伸びてしまいます。

このTaskごとに全ホストの終了を待つかどうかの挙動は、strategyというオプションで変更することができます。strategyには`linear`と`free`の2種類があり、それぞれ次のような挙動をします。

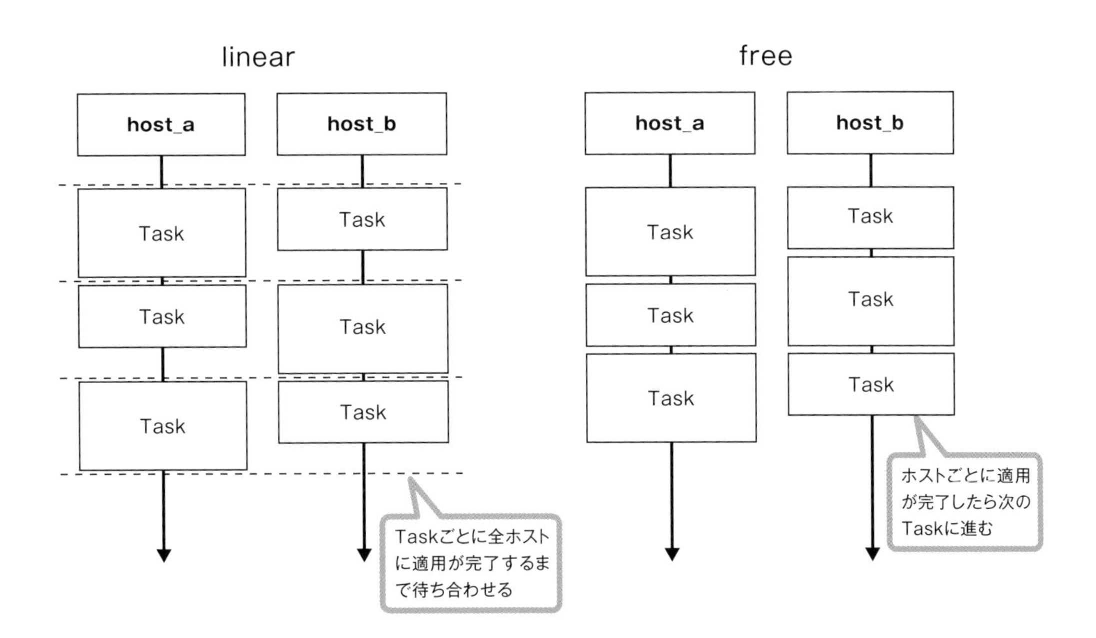

strategyを変更する場合、Playの先頭にstrategyオプションを指定します。有効範囲はPlaybookのトップレベルのPlay単位です。次のようなPlaybookを作成し、実行してみましょう。

```
---
- name: linear strategy
  hosts:
    - host_a
    - host_b
  tasks:
    - name: first sleep
      shell: sleep $(((RANDOM%5)+1))
    - name: second sleep
      shell: sleep $(((RANDOM%5)+1))
    - name: third sleep
      shell: sleep $(((RANDOM%5)+1))
  strategy: linear

- name: free strategy
  hosts:
    - host_a
    - host_b
  tasks:
    - name: first sleep
      shell: sleep $(((RANDOM%5)+1))
    - name: second sleep
      shell: sleep $(((RANDOM%5)+1))
    - name: third sleep
      shell: sleep $(((RANDOM%5)+1))
  strategy: free
```

この例では、5秒までのランダムなsleepを3回実行しています。実行すると、linearオプションを指定した場合は、Taskの起動時のTask名が表示される行1行に対して、2ホスト分の結果が同期されて表示されます。次にfreeオプションを指定した場合は、TASK起動時のTask名が表示される行が1ホストごとに別々に表示されて、もう片方のホストの終了待ちをせずに先に進んでいることが確認できます。

このように、ほかのホストと処理を同期する必要のないTaskについては、freeを使用することにより高速化が可能です。strategyのメリット、デメリットをまとめると次のようになります。

- **linear**

  複数ホストで同期する必要のある処理（クラスタリング）などが書きやすい

  同一Taskごとにログが並んで出力されるため結果が読みやすい

- **free**

  ホストごとに各Taskの処理時間にばらつきがある場合に速く実行できる

第5章

Ansibleの高度な使い方

ここまでPlaybookの書き方を中心に解説してきましたが、Ansibleにはほかにも多くの便利な機能があります。本章では、それらの中でもとくに覚えておきたい機能の使い方を説明していきます。

5.1 Inventory fileを動的に定義する（Dynamic Inventory）

AnsibleのInventory fileは、Playbookを適用する対象のホストを記述したファイルです。通常のInventory fileの書き方は2章2.2節「Inventory file」で解説しましたが、あらかじめ適用する対象のホスト名やIPアドレスを列挙しておく必要があります。

しかし近年では、パブリッククラウドサービスに代表されるように、VMをユーザが好きなタイミングで作成、削除でき、起動中のVMを管理する機能を持ち合わせている基盤が多数存在します。オートスケール（負荷に応じて自動的にVMの台数を増減させる機能）のように、そもそも人が介在せずに管理対象のホストが増減する仕組みも用意されています。

このような基盤を用いてシステム・サービスを構築する場合、いちいち手作業で起動中のVMのIPアドレスを調べ、Inventory fileに記載して実行するのは非常に手間がかかります。書き写す際に漏れが出たり、そもそも書き写している間に構成が変わることすらありえます。またクラウドサービスのような基盤を使用せず、自社で管理しているサーバだけを対象にする場合でも、ホスト名やIPアドレスのリストが部署の独自のファイルなどで管理されており、AnsibleのInventory fileと手動で同期させるのが難しいという場合もあるでしょう。

このような場合のために、AnsibleにはDynamic Inventoryという、Inventory fileをスクリプトで動的に生成する機能が備わっています。Dynamic Inventoryの仕組みは非常にシンプルで、指定されたファイルをスクリプトとみなして実行し、標準出力に出力された結果をInventory fileの内容として扱うというものです。

Dynamic Inventoryは、規定のフォーマットであるJSONを、標準出力に出力するスクリプトである必要があります。演習用リポジトリのInventory fileと同じような構成のDynamic Inventoryを作成する場合のJSONのサンプルは次のようになります（参考として、通常のInventory fileの記法をコメントで書いています）。

```
{
    "webservers": {                          ← [webservers] と同じ
        "hosts": ["ubuntu01"],               ← ubuntu01 と同じ
        "vars": {"a": "b"}                   ← [webservers:vars]
    },                                          a=b と同じ
    "dbservers": {
        "hosts": ["ubuntu02"]
    },
    "_meta": {
        "ubuntu01": {"ansible_host": "192.168.33.10"},   ← ubuntu01 ansible_host=192.168.33.10 と同じ
        "ubuntu02": {"ansible_host": "192.168.33.20"}
    }
}
```

Dynamic Inventoryでは、JSONの一番上の階層のkeyにグループ名、valueの中の"hosts"にhostの配列を記述します。また、webserversの部分に記載しているように、"vars"としてgroupに対する変数も定義できます。host単位の変数を指定する場合、"_meta"という特殊なkeyの下に、host名をkeyとして、変数を定義する必要があります。

この指定フォーマットの出力さえ守っていれば、Dynamic Inventoryは好きな言語で実装できます。ただし、スクリプトに実行権限を付与（chmod +xなど）することと、シェルスクリプト以外で実装する場合はファイルの先頭に#!/usr/bin/pythonや#/usr/bin/rubyなどのshebang（OSがスクリプトを何のプログラムで実行するかを判定するための記述）を書くことが必要です。

また自作以外にも、Ansibleには主要なクラウドサービスや仮想化ソフトウェアと連携するDynamic Inventoryのスクリプトが、あらかじめ公式リポジトリ内[注1]にいくつか用意されています。Ansible適用先の仮想化環境に対応するDynamic Inventoryが公式リポジトリに存在する場合、これらをそのままダウンロードしてきて利用することも可能です。公式ドキュメント[注2]も参考に、利用してみてください。

注1　https://github.com/ansible/ansible/tree/devel/contrib/inventory　URLは将来バージョンアップで変更される可能性があります。
注2　http://docs.ansible.com/ansible/intro_dynamic_inventory.html

5.2 変数を暗号化して保存する（ansible-vault）

サーバの構築には、SSH接続するためのパスワード、ミドルウェアやアプリケーションに設定するパスワード、外部リポジトリにアクセスするための証明書、SSHの秘密鍵など、多くの秘密情報が必要となります。Ansibleでこのような情報を必要とするサーバ構築を行う場合、Playbookにあらかじめパスワードや証明書の中身を変数として記載しておくか、ファイルとして事前に配置して転送する必要があります。

しかし、PlaybookをGitなどのバージョン管理ツールで管理する場合、これらのような秘密情報をアップロードし、公開するのは望ましくありません。かといって、Playbookを実行する前にパスワードファイルを別の場所から持ってきてvarsなどに記載してから実行するというのは手順が煩雑ですし、コマンド一発で構築が完了するAnsibleのメリットを減らしてしまい、自動化の阻害にもなります。

このような秘密情報の管理のために、Ansibleにはansible-vaultという秘密情報を暗号化して管理するシステムがあります。ansible-vaultは、変数を記録したファイルを暗号化しておき、Playbook実行時に自動的に復号して読み出してくれます。

ansible-vaultの使い方

まずは、mysqlにユーザを作成し、暗号化したパスワードを設定する例を試してみましょう。次のようなPlaybookとパスワードファイル（secret.yml）を作成します。

```
- name: mysqlをインストール
  apt: name=mysql-server state=installed
  become: true
```

```
- name: mysqlを再起動し、サービスの自動起動を有効化
  service: name=mysql state=restarted enabled=yes
  become: true

- name: DB接続用ユーザの作成
  mysql_user: name=dbuser password={{ mysql_user_password }}
```

・secret.yml

```
mysql_user_password: password
```

ファイルを作成したら、ansible-vaultコマンドでこのファイルを暗号化します。暗号化を行うには、次のようなコマンドを入力します（encryptについては後述）。

```
$ ansible-vault encrypt secret.yml
New Vault password:          ←暗号化パスワードを入力
Confirm New Vault password:  ←暗号化パスワードを入力
Encryption successful
```

暗号化用のパスワードの入力を求められるので、確認も含め2回パスワードを入力してください。ここで入力するパスワードはあくまでファイルの暗号化／復号に使用するパスワードで、Playbook内で使用するパスワードとは別物であることに注意してください。

「Encryption successful」と表示されたら暗号化成功です。暗号化されたファイルの中身を見てみましょう。

```
$ANSIBLE_VAULT;1.1;AES256
3165366263396362626231316433313731396533393063396664306364613261623366366333346 4
396531623333613366333264323032613139633636396138 0a3536636537646239663434366661 33
6363376562316562376166373362656637646530326231396230633263653736383763383163613 5
3630336235323533360a636631303432663636353231366637326166623862663863666238366238
3261353236663638313638316334313264616433323464356263373837336437376538353335323 4
```

暗号化されたパスワードを使用してPlaybookを実行するには、次のように入力します。

```
$ ansible-playbook site.yml -e @secret.yml --ask-vault-passs
```

復号のパスワードを求められるため、暗号化したときと同じパスワードを入力してください。

このコマンドでは、-eオプションでsecret.ymlをextra vars（追加の変数ファイル）として読み込み、--ask-vault-passでansible-vaultの復号パスワードを対話的に入力できるように指定しています。実行すると、secret.ymlの中で指定されたパスワードがmysql_user Moduleの引数として指定されていることがわかります。このように、ansible-vaultコマンドを利用するとパスワードファイルを暗号化したまま、Playbookの中で利用できます。

なお、今回はextra varsとしてパスワードを指定した変数ファイルを追加で読み込ませましたが、自動的に読み込まれるgroup_vars/host_varsや、Playbookの中で動的に読み込むvars_filesなどをansible-vaultで暗号化しておくこともできます。変数ファイルを読み込ませる方法は、2章2.7節「変数の扱い方」で説明しています。

パスワードファイルを利用する

CI/CDツールやスクリプトなど、外部からansibleコマンドの実行を自動化する際には対話的なパスワード入力が邪魔になることもあります。そのような場合、パスワードをファイルに記載しておき、configやコマンドラインオプションで指定することで対話的なパスワード入力を省略することもできます。まず、パスワードファイルを作成しましょう。

・.vault_pass.txt

```
vaultpassword   ← 暗号化／復号のパスワードのみを記載する
```

作成したパスワードファイルを使用してPlaybookを実行する場合は、次のようなコマンドを実行します。

```
$ ansible-playbook site.yml -e @secret.yml --vault-password-file=.vault_pass.txt
$ ANSIBLE_VAULT_PASSWORD_FILE=~/.vault_pass.txt ansible-playbook site.yml -e @secret.yml
```

1行目はansible-playbookのコマンドラインオプションで指定する例、2行目は環境変数で指定する例です。いずれの場合も--ask-vault-passでパスワードを入力した場合と同じように復号が行われますが、ファイルから復号パスワードを読み取るため対話的なパスワード入力は発生しません。

毎回パスワードをオプションで指定するのが煩雑な場合、設定ファイルでパスワードファイルのパスを指定しておくことができます。Playbookのディレクトリにあるansible.cfgに次のように記載しましょう。

```
[defaults]
vault_password_file = .vault_pass.txt
```

設定ファイルにパスワードファイルのパスを記載しておいた場合、次のようにオプションをまったく指定しなくても自動的にansible-vaultで暗号化した変数ファイルの復号が行われるようになります。ただし、ansible-vaultで暗号化した変数ファイルがいっさい使用されない場合でも、パスワードファイルを指定のパスに配置していないとエラーが発生するようになることに気をつけてください。

```
$ ansible-playbook site.yml -e @secret.yml
```

ansible-vaultコマンド

ansible-vaultコマンドは単に暗号化／復号を行うだけではなく、ここで紹介するサブコマンドを使うことで、一度暗号化したファイルを参照、編集したり、再度復号したりすることもできます。

create

```
$ ansible-vault create <作成したい暗号化変数ファイル名>
```

ansible-vaultで暗号化されたパスワードファイルを作成します。実行するとエディタが立ち上がり、保存した内容はそのまま暗号化され、ファイルとして保存されます。ファイルの作成と暗号化を一度に行ってくれるコマンドです。実行時に暗号化パスワードの入力を求められます。

encrypt

```
$ ansible-vault encrypt <暗号化したい変数ファイル名>
```

作成済みの未暗号化状態の変数ファイルを暗号化します。実行時に暗号化パスワードの入力を求められます。

decrypt

```
$ ansible-vault decrypt <復号したい変数ファイル名>
```

暗号化済みの変数ファイルを復号します。実行時に復号パスワードの入力を求められますが、設定ファイルでパスワードファイルが指定されている場合は復号パスワード入力なしで実行できます。

view

```
$ ansible-vault view <参照したい変数ファイル名>
```

暗号化済みの変数ファイルの中身を参照します。ファイル自体の復号は行われません。実行時に復号パスワードの入力を求められますが、設定ファイルでパスワードファイルが指定されている場合は復号パスワード入力なしで実行できます。

edit

```
$ ansible-vault edit <編集したい変数ファイル名>
```

暗号化済みの変数ファイルを編集します。一時的に復号されたファイルがエディタ上に表示され、保存した結果がそのまま暗号化されて保存されます。実行時に復号パスワードの入力を求められますが、設定ファイルでパスワードファイルが指定されている場合は復号パスワード入力なしで実行できます。

rekey

```
$ ansible-vault rekey <パスワードを変更したい変数ファイル名>
```

暗号化済みの変数ファイルの暗号化パスワードを変更して再暗号化します。実行時に復号パスワード（旧パスワード）と暗号化パスワード（新パスワード）入力を求められます。

5.3 WindowsホストをAnsibleで管理する

本書では、ここまでLinux系OSを対象としたAnsibleの実行方法を解説してきましたが、AnsibleはWindowsホストも管理対象にすることができます。WindowsにはSSH接続ができませんが、WinRMというリモート管理のための機能が備わっており、WinRMを経由してPowerShellスクリプトの実行やファイルの転送を行うことが可能です。Ansibleは接続プロトコルとしてWinRMをサポートしており、PowerShellで記述されたWindows用のModuleを実行することでWindowsホストに対する設定を実現します。

Windowsホストのセットアップ

AnsibleでWindowsホストを管理するためには、Windows OS上で、事前に「WinRMの有効化」と「WinRMでリモートからPowerShellスクリプトを実行できるようにする設定」が必要です。Ansibleの公式リポジトリでこれらの設定を一括で行ってくれるスクリプトが用意されているため、ダウンロードして実行することで、簡単にWindowsでAnsibleを使える状態にすることができます（後述）。

なお、Ansibleの実行にはPowerShell 3.0以降が必要です。Windows 8、Windows Server 2012以降の場合はデフォルトでPowerShell 3.0が入っていますが、Windows 7、Windows Server 2008/2008 R2の場合は手動でインストールする必要があります（それ以前のバージョンでは、残念ながらPowerShell 3.0が使えないためAnsibleを使うことができません）。MicrosoftのWebサイト[注3]を参考に、あらかじめPowerShell 3.0をインストールしてください。

注3 https://msdn.microsoft.com/ja-jp/powershell/scripting/setup/installing-windows-powershell

PowerShell 3.0のインストールができたら、Ansible用のセットアップスクリプトを実行します。Windowsにログインし、管理者権限でPowerShellを起動して、次のように入力してください（ユーザ名やディレクトリは使用する環境に読み替えてください）。

```
作業用のディレクトリに移動
> cd C:¥Users¥Administrator¥Downloads

スクリプトをダウンロード
> Invoke-WebRequest -Uri https://raw.githubusercontent.com/ansible/ansible/devel/examples/⏎
scripts/ConfigureRemotingForAnsible.ps1 -OutFile ConfigureRemotingForAnsible.ps1

スクリプトを実行
> powershell -ExecutionPolicy RemoteSigned .¥ConfigureRemotingForAnsible.ps1
```

「PS Remoting has been successfully configured for Ansible.」と表示されたらWindowsホストのセットアップは完了です。

Windowsホストへの接続設定

WindowsホストへはWinRMを使用して接続するため、Linuxに対する接続とは別の設定を入れておく必要があります。まずは、Inventory fileにWindowsのホストを追加しましょう。

・**windows_hosts**

```
[windows]
win01 ansible_host=192.168.33.100 ansible_connection=winrm ansible_port=5986 ⏎
ansible_user=Administrator
```

AnsibleでWindowsに接続するために必要な設定は3つあります。

`ansible_connection=winrm`は接続方法をSSHからWinRMに切り替えるためのオプションです。

`ansible_port=5986`は接続ポートを変更するオプションです。WinRMは5986番ポートを使用するため、デフォルトの22番ポートから変更する必要があります。

ansible_user=AdministratorはログインするWindowsユーザの設定です。ここでは、Administratorsグループに所属するユーザを指定する必要があります。

なお、ここではログインパスワードを記載していませんが、SSH接続のときと同様にansible_ssh_pass変数もしくは実行時の-kオプションでログインパスワードを指定できます。もしWindowsのホストが複数あり、すべてのホストに個別の設定を書くのがたいへんであれば、Windows全体のグループを作ると良いでしょう。

・**windows_hosts**

```
[windows]
win01 ansible_host=192.168.33.100
win02 ansible_host=192.168.33.101
```

・**group_vars/windows**

```
ansible_user: Administrator
ansible_connection: winrm
ansible_port: 5986
```

AnsibleからWindowsに接続するためには、pywinrmというPythonのWinRM用ライブラリが必要になります。これは通常のAnsibleの依存関係ではインストールされないため、Windowsホストを管理するPlaybookの場合は、requirements.txtに追加で記述してインストールしておきましょう。

・**requirements.txt**

```
ansible==2.2
pywinrm
```

```
$ pip install -r requirements.txt --user
```

準備ができたらansibleコマンドで接続確認をしてみましょう。win_command Moduleでコマンドを実行します。

```
$ ansible win01 -i hosts -m win_command -a 'hostname'
```

Windowsに接続が行われ、hostnameが表示されれば接続成功です。

Windowsで利用できるModule

Ansibleでは、Windowsで実行されるModuleはPowerShellで実装されています。そのため、通常のPythonで作成されたModuleをLinuxホストに適用するときと同じように使用することはできません。WindowsにAnsibleを適用する場合、Windows専用のModuleを使用する必要があります。

Windowsで利用できるおもなModuleは、6章6.7節「Windows用Module」を参照してください。

5.4 Moduleを自作する

Ansibleには多数のModuleが標準で用意されていますが、自作のModuleを追加して利用することもできます。自作Moduleは、おもに次のような場合に有用です。

- 標準Moduleで対応できない処理
- 標準Moduleの組み合わせで対応できるが、Taskの数が多くなったり変数による分岐を多用したりして複雑になってしまう処理
- 既存のセットアップ用のスクリプトをAnsibleに書きなおさずに流用したい場合

Ansibleの標準ModuleはPython（Windows用はPowerShell）で実装されていますが、入力／出力のフォーマットさえ守っていれば好きな言語で実装できます。

簡単なModuleを作る

まずは、シェルスクリプトで簡単なModuleを作ってみましょう。次のようなファイルを作成してください。

・library/hello_world

```
#!/bin/bash

echo '{"msg": "Hello World!!", "rc": 0, "changed": "false"}'
```

これは「何もしない」最もシンプルな形のModuleです。AnsibleはModuleを指定して実行されると、ModuleのスクリプトをAnsible適用先のリモートホストに転送して、リモートホスト上で実行し、実行したコマンドの標準出力から実行結果を判断して画面上に表示し

ます。Moduleの中で最低限記述しなければならないものは次の2つです。

スクリプトの実行方法を指定するshebang

先ほどのサンプルの `#!/bin/bash` の部分です。今回はbashで実行するシェルスクリプトですのでこの値を指定しています。Pythonで記述されたスクリプトなら `#!/usr/bin/python`（もしくは `#!/usr/bin/env python`）、RubyやPerlなどの場合も同様に実行プログラムのパスを指定するように記述します。

スクリプトの実行結果の出力

サンプルの `echo '{"msg": "Hello World!!", "rc": 0, "changed": "false"}'` の部分です。スクリプトの実行結果は、`{"key":"value"}` のJSON形式で指定する必要があります。Moduleは必ず1つ以上のkeyとvalueを返す必要があります。特殊なkeyとして `rc` と `changed` があり、rcはModuleの実行結果（成功／失敗）の判定に、changedはModuleによって変更が行われたかどうかの判定に使われます。rcで0以外のステータスを返した場合はModuleの実行結果は失敗として扱われ、Playbookの実行はそこで中断します。changedに `true` を指定した場合はModuleによって変更が行われたと判定され、ターミナルのカラー出力が有効な環境では実行結果は黄色で表示され、handlerも実行されます。changedに `false` を指定した場合はModuleによる変更が行われなかったと判定され、ターミナルの出力は緑色となり、handlerは実行されません。

作ったModuleを実行する

では、さっそく作成したModuleを実行してみましょう。Playbookに組み込んでも良いですが、Module単品でテストをするだけであればansibleコマンドでModuleを指定して実行する方法が簡単です。Moduleが実行され、レスポンスとして記述したメッセージと0、falseが返ってきているのが確認できるでしょう。

```
$ ansible -c local -m hello_world
localhost | SUCCESS => {
    "changed": "false",
    "msg": "Hello World!!",
    "rc": 0
}
```

では、次にModuleで引数を扱ってみましょう。引数でmsgの部分が指定された場合、指定されたメッセージを出力できるようにしてみます。次のようなスクリプトを作成してください。

・library/hello_world_with_args

```
#!/bin/bash

MSG='"Hello World!!"' ← デフォルト（引数なし）時のメッセージ
第1引数にModule引数を記載したファイルパスが渡されるので、変数に内容を格納する
ARGS=`cat $1`

引数が0個ではない場合
if [ "$ARGS" != '' ]; then
        引数（スペース区切り）でループ
        for param in $ARGS; do
                =で区切った前後をkey=valueとして扱う
                key=`echo $param | cut -d '=' -f 1`
                value=`echo $param | cut -d '=' -f 2`
                keyが'msg'だったら、表示するMSGを上書き
                if [ $key == 'msg' ]; then MSG=$value; fi
        done
fi

echo "{¥"msg¥": $MSG, ¥"rc¥": 0, ¥"changed¥": false}"
```

作成したら、このModuleを引数ありと引数なしのパターンでそれぞれ実行してみましょう。

・**引数なし**

```
$ ansible localhost -m hello_world_with_args
localhost | SUCCESS => {
    "changed": false,
    "msg": "Hello World!!",
    "rc": 0
}
```

・**引数あり**

```
$ ansible localhost -m hello_world_with_args -a 'msg=foobar'
localhost | SUCCESS => {
    "changed": false,
    "msg": "foobar",
    "rc": 0
}
```


1回目の実行では、引数が指定されていないためデフォルトのメッセージである"Hello World!!"が表示されています。2回目の実行では、引数に'msg=foobar'が指定されているため、msgが置き換えられてfoobarと表示されています。なお、このスクリプトではスペースや記号を含む引数などは考慮していません。

では、どのようにModuleが実行されているかを追ってみましょう。

AnsibleでModuleを指定して実行すると、まずTask実行用のディレクトリが作成され、その中にModuleのスクリプトそのものと、引数が記述されたファイルが、対象ホストにSFTPもしくはSCPによって転送されます。

次に、SSH経由で対象ホスト上に配置されたModuleのスクリプトファイルを、第1引数に引数ファイルのパスを指定して実行します。対象ホスト上ではshebangを読み取って/bin/bashなどのプログラムが起動され、起動されたプログラムによりModuleのスクリプトが処理され、標準出力に結果を返します。Ansibleは標準出力に表示されたJSONをパースしてModuleの実行結果を判断します。

このような仕組みにより、Ansibleは好きな言語でModuleを作成することができるようになっており、引数の受け取り方と結果の返し方をそろえれば、既存のインストール用スクリプトなどもModule化して組み込むことができます。

5.5 公開されているRoleを使用する(ansible-galaxy)

Playbookを作成していると、多くのRoleを記述する必要があります。ひとつひとつ自分でRoleを作成していくのも良いですが、Ansibleにはansible-galaxyという、公開されているRoleをインストールして使用できるようにする仕組みが存在します。ansible-galaxyを使用すると、ほかの人が作成して公開しているRoleをインストールして、自分の作成したPlaybookの一部として利用できます。よく使われるソフトウェアのインストールやOSの設定などは大半がRoleとして公開されているため、公開されているRoleを取り込むだけで、Playbookを書く手間を大幅に減らすことができます。

ansible-galaxyを利用してJenkinsをセットアップ

では、試しに公開されているRoleを使ってみましょう。ansible-galaxyのRoleは公式サイト[注4]で公開されています。ここから自分で使いたいRoleを検索し、必要なRoleをインストール用の依存関係ファイルに記述します。ここでは、CIツールであるJenkinsをセットアップするRole[注5]をインストールして使ってみます。

まず、Playbookと同じディレクトリにrequirements.ymlというファイルを作成し、インストールするRoleを記述します。ansible-galaxyのRoleは`src: <user名>.<Role名>`の形式で記述します。バージョンは指定しなければ最新版が使用されますが、ansible-galaxyのRoleはバージョンアップなどにより記述方法が変化して動作しなくなることもあるので、明示的にバージョンを指定しておくことをお勧めします。

注4　https://galaxy.ansible.com
注5　https://galaxy.ansible.com/geerlingguy/jenkins

・**requirements.yml**

```
---
- src: geerlingguy.jenkins
  version: 2.5.0
```

インストールするRoleの一覧を記述したら、次のようにコマンドを入力してインストールします。JenkinsはJavaで動作するため、JenkinsのRoleはJavaをインストールするRoleに対する依存関係が定義されています。このようにRoleに依存関係がある場合、ansible-galaxyは依存するRoleも自動的にインストールしてくれます。

```
$ ansible-galaxy install -r requirements.yml -p roles/
- downloading role 'jenkins', owned by geerlingguy
- downloading role from https://github.com/geerlingguy/ansible-role-jenkins/archive/2.6.0.⏎
tar.gz
- extracting geerlingguy.jenkins to roles/geerlingguy.jenkins
- geerlingguy.jenkins was installed successfully
- adding dependency: geerlingguy.java
- downloading role 'java', owned by geerlingguy
- downloading role from https://github.com/geerlingguy/ansible-role-java/archive/1.7.1.tar.gz
- extracting geerlingguy.java to roles/geerlingguy.java
- geerlingguy.java was installed successfully
```


インストールが完了したら、PlaybookにRoleを使う設定を記述しましょう。Roleの記述のしかたは通常の自作Roleと同じですが、requirements.ymlへの記載と同様に<user名>.<Role名>の形式で指定します。また、Roleによってはいくつか変数を渡す必要がある場合もあります。Roleの説明ページにREADMEが記載されていますので、参考にしてPlaybookにRoleを記述しましょう。

・**sample_playbooks/5-5.yml**

```
---
- hosts: ubuntu01
  roles:
    - geerlingguy.jenkins
```

Roleを記述したらさっそく実行してみます。

```
$ ansible-playbook sample_playbooks/5-5.yml -i hosts -vv
```

実行結果を見ると、JavaのインストールとJenkinsのインストールが実行されているように見えます。では、正しくインストールされているか、アクセスして確認してみましょう。ブラウザでhttp://<VMのIPアドレス>:8080/[注6]にアクセスすると、Jenkinsがセットアップされ、起動していることが確認できるでしょう。

気をつけること

このように、ansible-galaxyを利用すると、よく利用されているソフトウェアのセットアップなどを、自身でRoleを記述することなく非常に簡単に実行できます。新しいRoleを作成する前に、似たようなRoleが公開されていないか探してみると良いでしょう。

ただし、ansible-galaxyで公開されているRoleの多くは個人で作成しているもので、開発者によって設定できる項目の細かさやアップデートへの対応速度、サポートするOSの種類などに差があります。動かなくなるようなバグがあったとしても、長期間修正されないこともあります。

まずはansible-galaxyのRoleを試してみて、動作に問題があったり、設定したい内容がカスタマイズできないなどの問題があったりする場合は、自分でRoleを作成するようにすると良いでしょう。ansible-galaxyで公開されているRoleはGitHubでソースコードが公開されているため、ベースの部分を参考にして自分が必要なTaskを加えるのも良いでしょう。

注6　本書サンプルリポジトリを使用している場合は「http://192.168.31.10:8080/」

第6章

いろいろなModuleの使い方

本章では、AnsibleのPlaybookを作成するうえで最も重要な、Moduleの使い方を説明します。Ansibleには200を超えるModuleが実装されており、さまざまな設定が可能になっています。残念ながらすべてのModuleおよびその引数を取り上げることはできませんが、とくに使用頻度の高いと思われるものをピックアップし、それらの使い方を紹介していきます。

6.1 パッケージをインストールする

サーバの構築といえば真っ先に思い浮かぶのが、必要なパッケージのインストール作業です。AnsibleにはOS標準のものから特定のプログラミング言語やソフトウェア向けのライブラリまで、さまざまなパッケージマネージャーに対応したModuleが用意されています。

apt

aptはDebian系Linuxディストリビューションで使用されているパッケージマネージャーです。Debian、Ubuntuをお使いの方であれば、apt-getコマンドはお馴染みでしょう。apt Moduleではaptを使用したパッケージのインストールやアップグレードが可能です。

Module引数

- **name**

インストールするパッケージ名を指定します。'<package_name>=<version>'と指定することでバージョンを指定してインストールできます。<version>部分は0.1*のように末尾をあいまい指定することもできます。カンマ区切り文字列またはYAMLの配列要素を渡すことで、複数のパッケージを同時にインストールすることもできます

- **state**

nameで指定したパッケージをどのような状態にするかを指定します

present：パッケージがインストールされていなければインストールします。すでにインストール済みの場合は何も行いません

latest：パッケージがインストールされていなければ最新版をインストールし、インストール済みの場合でも最新版に更新します

absent：パッケージがインストールされていればアンインストールします

build-dep：パッケージをソースからビルドする場合に必要な依存パッケージをインストールします

◎ purge

state=absentを指定したときのパッケージの消去方法を指定します

yes：パッケージ内のソフトウェアが使用していた設定ファイルを含むすべてのファイルを削除します（apt-get purge相当）

no（デフォルト）：パッケージ内のソフトウェアが使用していた設定ファイルを残してパッケージをアンインストールします（apt-get remove相当）

◎ update_cache

インストール前にパッケージ一覧を最新のものにアップデートします（apt-get update相当）

yes：パッケージ一覧のアップデートを行います

no（デフォルト）：パッケージ一覧のアップデートを行いません

◎ upgrade

インストール済みパッケージのアップグレードを行います。nameで指定したものだけではなくすべてのパッケージをアップグレードすることに注意してください

yes：カーネルを除くパッケージのアップグレードを行いますが、それに伴い依存パッケージの追加／削除が必要なパッケージが存在する場合はそのパッケージをアップグレードしません

no（デフォルト）：アップグレードを行いません

safe：yesの別名です

full：カーネルを除くパッケージのアップグレードを行います。アップグレード時に依存パッケージの追加／削除が必要であれば同時に行います

dist：カーネルを含むすべてのパッケージのアップグレードを行います（apt-get dist-upgrade相当）

◎ deb

debパッケージファイルを直接指定して対象パッケージおよび依存パッケージのインストールを行います。対象のdebファイルは、copyやget_urlなどを使用してあらかじめ対象ホストに転送しておく必要があります

設定サンプル

```
apache2をインストール
- apt: name=apache2 state=present

パッケージ一覧を更新後apache2をインストールし、インストール済みの場合は更新
- apt: name=apache2 state=latest update_cache=yes

mysql-serverをアンインストール
- apt: name=mysql-server state=absent

mysql-serverをバージョン指定してインストール
- apt: name='mysql-server=5.5*' state=present

複数パッケージを指定してインストール
- apt: name=ruby,python state=present
- apt:
    name:
      - ruby
      - python
    state: installed

パッケージ一覧を更新後、すべてのパッケージをアップグレード
- apt: upgrade=full update_cache=yes

debファイルを指定してパッケージをインストール
- apt: deb=/tmp/hoge.deb
```

yum

yumはrpm系ディストリビューションで使用されているパッケージマネージャーです。RHEL、CentOS、Fedoraなどのディストリビューションを使用している場合はyum Moduleを使用してパッケージの管理が行えます。使用方法はほぼaptと同じですが、パッケージのバージョン指定の記法が=ではなく-になっていたり、upgradeオプションが使えなかったりするなど細かい差がありますので注意してください。

Module引数

○ name

インストールするパッケージ名を指定します。'<package_name>-<version>'と指定することでバージョンを指定してインストールできます。<version>部分は0.1*のように末尾をあいまい指定することもできます。カンマ区切り文字列またはYAMLの配列要素を渡すことで、複数のパッケージを同時にインストールすることもできます

○ state

nameで指定したパッケージをどのような状態にするかを指定します

present、installed：パッケージがインストールされていなければインストールします。すでにインストール済みの場合は何も行いません

latest：パッケージがインストールされていなければ最新版をインストールし、インストール済みの場合でも最新版に更新します

absent、removed：パッケージがインストールされていればアンインストールします

○ update_cache

インストール前にパッケージ一覧を最新のものにアップデートします（yum update相当）

yes：パッケージ一覧のアップデートを行います

no（デフォルト）：パッケージ一覧のアップデートを行いません

○ enablerepo

yumのデフォルト設定でEnabled=0と設定され無効化されているリポジトリのうち、有効化するものの名前を指定します

○ disablerepo

yumのデフォルト設定でEnabled=1と設定され有効化されているリポジトリのうち、無効化するものの名前を指定します

設定サンプル

httpdをインストール

```
- yum: name=httpd state=present
```

パッケージ一覧を更新後httpdをインストールし、インストール済みの場合は更新

```
- yum: name=httpd state=latest update_cache=yes
```

```
httpdをアンインストール
- yum: name=httpd state=absent

httpdをバージョン指定してインストール
- yum: name='httpd-2.2*' state=present

複数パッケージを指定してインストール
- yum: name=ruby,python state=present
- yum:
    name:
      - ruby
      - python
    state: installed

epelリポジトリを一時的に有効化してパッケージをインストール
- yum: name=foo state=present enablerepo=epel
```

6.2 ファイルを配置・更新する

構築作業でパッケージのインストールと並んで多いTaskが、サーバにファイルを配置したり書き換えたりする作業です。Ansibleにはファイル操作用のModuleも豊富に用意されており、ローカルからの転送、Webからの取得、リモートホスト上での書き換えなどを行うことができます。

copy

copyは対象ホストにファイルを転送するModuleです。ローカルマシン上の指定したファイルを、対象ホストの指定の場所にコピーできます。また、contentオプションを使用することで、Playbook上で定義した文字列を直接指定のファイルに書き出すこともできます。

Module引数

- `src`

  コピー元のファイルパスを指定します。相対パス（/から始まらないパス）を指定した場合、同じRole内のfilesディレクトリ内のファイル（roles/<role_name>/files/<file_name>）からの相対パスを検索します。絶対パス（/から始まるパス）を指定した場合、ファイルシステム上のルートから指定のパスのファイルを検索します

- `dest`

  コピー先のファイルパスを指定します

- `force`

  コピー先のファイルがすでに存在する場合に上書きを行うかどうかを指定します

  yes（デフォルト）：コピー先のファイルが存在する場合に上書きします

no：コピー先のファイルがすでに存在する場合はコピーを行いません

◎ remote_src

コピー元をAnsible実行マシンからコピーするか対象ホスト上でコピーするかを指定します

yes：コピー元を対象ホストとし、リモートファイル同士でのコピーを行います

no：コピー元をAnsible実行マシンとし、ローカルからリモートへの転送を行います

◎ content

ファイルをコピーするのではなく、指定した文字列をファイルに直接書き出します。srcと同時には指定できません

◎ owner

コピー先のファイルの所有ユーザを指定します

◎ group

コピー先のファイルの所有グループを指定します

◎ mode

コピー先のファイルのパーミッションを指定します。8進数での指定（0644）、文字列での指定（u+rwx，u=rw,g=r,o=r）が可能です

◎ backup

コピー先にファイルが存在する場合、コピー前にタイムスタンプを付加したファイル名でバックアップを行います

設定サンプル

```
ローカルのfoo.confをリモートの/etc/foo.confにコピー
- copy: src=foo.conf dest=/etc/foo.conf owner=foo group=foo mode=0644

ファイルのパーミッションを文字列で指定
- copy: src=foo.conf dest=/etc/foo.conf owner=foo group=foo mode="u=rw,g=r,o=r"

contentでファイルの中身を書き出す
- copy: dest=/path/to/file.txt content={{ content_variable_name }}
- copy:
    dest: /path/to/script.sh
    content: |
```

```
#!/bin/bash
echo 'sample script'
```

template

templateはcopy同様、対象ホストにファイルを転送するModuleです。copyとの違いは、copyはファイルをそのまま転送しますが、templateは送信元のファイルにPlaybook内で定義された変数を埋め込んでから転送する点です。templateファイルはPythonのテンプレートエンジンであるJinja2形式で記述します。Jinja2では、ファイル内に変数を埋め込んだり、if文、for文などを使用して記述を分けたりループさせたりすることができます。

Module引数

- **src**

  コピー元のファイルパスを指定します。相対パス（/から始まらないパス）を指定した場合、同じRole内のtemplatesディレクトリ内のファイル（roles/<role_name>/templates/<file_name>）からの相対パスを検索します。絶対パス（/から始まるパス）を指定した場合、ファイルシステム上のルートから指定のパスのファイルを検索します

- **dest**

  コピー先のファイルパスを指定します

- **force**

  コピー先のファイルがすでに存在する場合に上書きを行うかどうかを指定します

  yes（デフォルト）：コピー先のファイルが存在する場合に上書きします

  no：コピー先のファイルがすでに存在する場合はコピーを行いません

- **remote_src**

  コピー元をAnsible実行マシンからコピーするか対象ホスト上でコピーするかを指定します

  yes：コピー元を対象ホストとし、リモートファイル同士でのコピーを行います

  no：コピー元をAnsible実行マシンとし、ローカルからリモートへの転送を行います

◎ **owner**

コピー先のファイルの所有ユーザを指定します

◎ **group**

コピー先のファイルの所有グループを指定します

◎ **mode**

コピー先のファイルのパーミッションを指定します。8進数での指定（0644）、文字列での指定（u+rwx, u=rw,g=r,o=r）が可能です

◎ **backup**

コピー先にファイルが存在する場合、コピー前にタイムスタンプを付加したファイル名でバックアップを行います

設定サンプル

```
- template: src=foo.j2 dest=/etc/foo.conf owner=foo group=foo mode=0644
```

※contentが使えないこと以外はcopy Moduleと同一です

lineinfile

lineinfileはリモートにあるファイルに指定した文字列（行）を書き込むModuleです。copyやtemplateと違い、リモートにあるファイルを直接書き換えるのが特徴です。ソフトウェアの設定ファイルのように、インストール時に自動で配置されるファイルなどの一部の値を書き換えたいときなどに利用します。

Module引数

◎ **dest**

書き換える対象のファイルパスを指定します

◎ **line**

ファイルに書き込む行の中身を文字列で指定します

◎ **state**

present：lineで指定した行を挿入します

absent：regexpで指定した文字列と一致する行を削除します

◎ **regexp**

state=presentの場合、指定された正規表現にマッチする行があれば、その行を置き換えます

state=absentの場合、指定された正規表現にマッチする行を消去します

◎ **create**

ファイルが存在しない場合に、lineの行のみを記載したファイルを作成するかどうかを指定します

yes：ファイルを作成します

no：ファイルを作成しません。存在しない場合はModuleが実行失敗します

◎ **backup**

コピー先にファイルが存在する場合、コピー前にタイムスタンプを付加したファイル名でバックアップを行います

◎ **insertafter**

行を挿入するとき、指定された正規表現にマッチする行の後ろに挿入します。未指定の場合、ファイル末尾に挿入します

◎ **insertbefore**

行を挿入するとき、指定された正規表現にマッチする行の前に挿入します

そのほか、file Moduleと同様のオプション（owner、group、modeなど）が指定できます。

設定サンプル

/etc/foo.confのファイル末尾にfoobarという行を追記

```
- lineinfile: dest=/etc/foo.conf line=foobar
```

/etc/foo.iniの[default]という行の下にfoo=barという行を追記

```
- lineinfile: dest=/etc/foo.ini line='foo=bar' insertafter='^¥¥[default¥¥]'
```

/etc/init.d/foo のJAVA_OPTSで始まる行を置換

```
- lineinfile: dest=/etc/init.d/foo line='JAVA_OPTS=-Xms1024m -Xmx2048m' regexp='^JAVA_OPTS'
```

6.3 コマンドを実行する

command

commandは対象ホスト上でコマンドを実行するModuleです。

Module引数

○ 引数なし

記述した内容がそのままコマンドとして実行されます

○ chdir

指定したディレクトリに移動してコマンドを実行します

○ creates

スクリプトにより作成されるファイル名を指定します。指定されたファイルがすでに存在する場合、コマンドは実行されません

○ removes

スクリプトにより削除されるファイル名を指定します。指定されたファイルが存在しない場合、コマンドは実行されません

設定サンプル

```
/usr/bin/foo コマンドを実行
- command: /usr/bin/foo

/usr/local/foo ディレクトリに移動してからbarコマンドを実行
- command: chdir=/usr/local/foo ./bar
```

shell

shellは対象ホスト上でコマンドを実行するModuleです。commandと似ていますが、シェルを利用するためパイプやリダイレクトが利用できる点がcommandと異なります。

Module引数

◎ 引数なし

記述した内容がそのままコマンドとして実行されます

◎ chdir

指定したディレクトリに移動してコマンドを実行します

◎ executable

実行するシェルを変更します。デフォルトは/bin/shです

◎ creates

スクリプトにより作成されるファイル名を指定します。指定されたファイルがすでに存在する場合、コマンドは実行されません

◎ removes

スクリプトにより削除されるファイル名を指定します。指定されたファイルが存在しない場合、コマンドは実行されません

設定サンプル

fooコマンドの結果をgrepして表示

```
- shell: foo | grep bar
```

fooコマンドの出力をリダイレクトしてファイルに書き出す

```
- shell: foo > /tmp/bar.log 2>&1
```

6.4 リポジトリからソースコードを取得する

git

gitはgitリポジトリを扱うModuleです。

Module引数

- **repo**

  リモートのgitリポジトリのアドレスを指定します。git、ssh、http(s)形式での指定が可能です

- **dest**

  リポジトリをクローンするディレクトリを指定します

- **version**

  チェックアウトするバージョンを指定します。ブランチ名、タグ名、コミットのSHA-1 hashが指定できます。デフォルトではmasterブランチをチェックアウトします

- **force**

  yes：配置済みの作業ディレクトリに変更が加えられていた場合、変更を破棄してチェックアウトしなおします

  no：作業ディレクトリに変更が加えられていた場合、Module実行が失敗します

- **update**

  リモートリポジトリの更新を取得します（git fetchを事前に行います）

設定サンプル

/opt/repo にhttps://github.com/user/repo.git のmasterブランチをチェックアウト

```
- git: repo=https://github.com/user/repo.git dest=/opt/repo version=master
```

subversion

subversionはsubversionリポジトリを扱うModuleです。

Module引数

- `repo`

  リモートのsubversionリポジトリのアドレスを指定します

- `dest`

  リポジトリをチェックアウトするディレクトリを指定します

- `revision`

  チェックアウトするリビジョン番号を指定します

- `force`

  yes：配置済みの作業ディレクトリに変更が加えられていた場合、変更を破棄してチェックアウトしなおします

  no：作業ディレクトリに変更が加えられていた場合、Module実行が失敗します

- `update`

  リモートリポジトリの更新を取得します（svn updateを事前に行います）

- `username`

  認証付きリポジトリのusernameを指定します

- `password`

  認証付きリポジトリのpasswordを指定します

設定サンプル

/opt/repoにsvn://path/to/repoのtrunkをチェックアウト

```
- subversion: repo=svn://path/to/repo/trunk dest=/opt/repo
```

6 いろいろなModuleの使い方

6.5 システム・サービスを設定する

user

userはOSのユーザを扱うModuleです。

Module引数

- **name**

  操作対象のユーザ名を指定します

- **state**

  ユーザを作成するか削除するかを指定します

  present：ユーザを作成します

  absent：ユーザを削除します

- **password**

  ユーザに設定するパスワードを指定します。パスワードは暗号化済みの状態で指定する必要があります

- **createhome**

  ユーザ作成時にhomeディレクトリを作成するかどうかを指定します

  yes（デフォルト）：homeディレクトリを作成します

  no：homeディレクトリを作成しません

- **home**

  homeディレクトリを作成する場合のパスを指定します。未指定時はOSのデフォルト値で生成されます

- **shell**

  ユーザのログインシェルを指定します

- **group**

  ユーザのプライマリグループを指定します

- **groups**

  ユーザの所属するグループをカンマ区切りで指定します

- **system**

  システムユーザとして作成するかどうかを指定します

設定サンプル

```
fooユーザを作成
- user: name=foo

所属グループとログインシェルを指定してユーザを作成
- user: name=foo group=foo groups=adm,wheel shell=/bin/zsh
```

group

groupはOSのグループを扱うModuleです。

Module引数

- **name**

  操作対象のグループ名を指定します

- **state**

  グループを作成するか削除するかを指定します

  present（デフォルト）：グループを作成します

  absent：グループを削除します

- **system**

  システムグループとして作成するかどうかを指定します

設定サンプル

```
fooグループを作成
- group: name=foo
```

service

serviceはOS上のサービスの操作を行うModuleです。サービス起動にSysVinitやUpstartを使用している場合はこのModuleを使用します。systemdを利用している場合は、systemd Moduleを使ってください。

Module引数

- **name**

  操作対象のサービス名を指定します

- **state**

  サービスの状態を指定します

  started：サービスを起動状態にします

  stopped：サービスを停止状態にします

  restarted：サービスを再起動します

  reloaded：サービスをリロードします

- **enabled**

  サービスの自動起動設定を行います

  yes：サービスの自動起動を有効化します

  no：サービスの自動起動を無効化します

設定サンプル

```
apache2を起動し、自動起動を有効化
- service: name=apache2 state=started enabled=yes
```

systemd

systemdは、systemdで管理されているOSのサービスを操作するModuleです。

Module引数

- **name**

  操作対象のサービス名を指定します

- **state**

  サービスの状態を指定します

  started：サービスを起動状態にします

  stopped：サービスを停止状態にします

  restarted：サービスを再起動します

  reloaded：サービスをリロードします

- **enabled**

  サービスの自動起動設定を行います

  yes：サービスの自動起動を有効化します

  no：サービスの自動起動を無効化します

設定サンプル

httpdを起動し、自動起動を有効化

```
- systemd: name=httpd state=started enabled=yes
```

6.6 Webアクセスする

get_url

get_urlはHTTP(S)/FTPでファイルを取得してリモートホスト上に保存するModuleです。

Module引数

- **url**

  ダウンロードしたいファイルのURLを指定します

- **dest**

  ファイルの保存先パスを指定します。ディレクトリを指定した場合、URLからファイル名が自動で決定されます

- **force**

  yes：すでにファイルが存在していても、ダウンロードして上書きします

  no（デフォルト）：すでにファイルが存在した場合ダウンロードしません

- **backup**

  yes：ファイルを上書きする際に、タイムスタンプをファイル名に含めたバックアップを作成します

  no：バックアップを作成しません

- **owner**

  ダウンロードしたファイルの所有ユーザを指定します

- **group**

  ダウンロードしたファイルの所有グループを指定します

○ **mode**

ダウンロードしたファイルのパーミッションを指定します

○ **url_username**

Basic認証が必要なURLのユーザ名を指定します

○ **url_password**

Basic認証が必要なURLのパスワードを指定します

設定サンプル

```
/tmpディレクトリにファイルをダウンロード
- get_url: url=http://path/to/file.tar.gz dest=/tmp

file.tar.gzがある場合でも上書きダウンロードし、バックアップを取得する
- get_url: url=http://path/to/file.tar.gz dest=/tmp/file.tar.gz force=yes backup=yes
```

uri

uriはWeb APIにアクセスするためのModuleです。

Module引数

○ **url**

アクセスするURLを指定します

○ **method**

アクセスするHTTPメソッドを指定します（デフォルトはGET）

○ **body**

リクエストに付加するHTTP bodyを指定します

○ **body_format**

bodyを文字列で指定するか、hash／配列形式で指定するかを指定します

raw：bodyに指定された文字列をそのまま送信します

json：bodyに指定されたオブジェクトをJSONにシリアライズして送信します

◎ **headers**

送信するHTTPヘッダをhash形式で指定します

◎ **return_content**

yes：Moduleの返り値として、contentにレスポンスのbodyが含まれます。もしContent-Typeがapplication/jsonの場合、'json'のキーでオブジェクト化された状態で返されます

no：content/jsonを返しません

◎ **status_code**

Moduleを成功とみなす条件のHTTPステータスコードを指定します。複数指定する場合はカンマ区切りで指定します（デフォルトは200）

◎ **user**

Basic認証が必要なURLのユーザ名を指定します

◎ **password**

Basic認証が必要なURLのパスワードを指定します

設定サンプル

```
Webページにアクセスできるかチェックする
- uri: url=http://www.example.com

Webページの内容をregisterに保存
- uri: url=http://www.example.com return_content: yes
  register: get_example_com

APIに {"param1": "foo", "param2": "bar"} というJSONをPOSTする
- uri:
    url: http://path/to/api
    method: POST
    body:
      param1: foo
      param2: bar
    body_format: json

APIにDELETEを発行する。204が返ってきたときと、404が返ってきたときのみ成功として扱う
- uri:
```

```
url: http://path/to/api
method: DELETE
status_code: 204,404
```

6.7 Windows用Module

win_chocolatey

win_chocolateyはWindowsのパッケージマネージャーであるChocolateyを使用してパッケージ管理を行うModuleです。

Module引数

- **name**

  インストールするパッケージ名を指定します

- **state**

  present（デフォルト）：パッケージをインストールします

  absent：パッケージをアンインストールします

- **version**

  パッケージのバージョンを指定します

- **upgrade**

  すでにパッケージがインストールされている場合、アップグレードを行うかどうかを指定します

  yes：アップグレードを行います

  no：アップグレードを行いません

設定サンプル

gitをインストール

```
- win_chocolatey: name=git
```

win_msi

win_msiはWindowsのMSIインストーラを扱うModuleです。

Module引数

- path

インストールするMSIインストーラのファイルパスを指定します

- state

present（デフォルト）：インストールを行います

absent：アンインストールを行います

- wait

MSIのインストール処理終了を待機するかどうかを指定します

yes：終了を待機します

no（デフォルト）：終了を待機せず、Module実行が終了します

設定サンプル

MSIでインストールを実行し、インストール完了まで待機する

```
- win_msi: path=C:¥path¥to¥installer.msi wait=yes
```

win_updates

win_updatesはWindows Updateを扱うModuleです。

Module引数

- category_names

アップデート対象にするカテゴリを配列形式で指定します

利用可能なカテゴリ：Application,Connectors,CriticalUpdates,DefinitionUpdates,DeveloperKits,FeaturePacks,Guidance,SecurityUpdates,ServicePacks,Tools,UpdateRollups,Updates。デフォルトは['CriticalUpdates', 'SecurityUpdates', 'UpdateRollups']

○ **state**

installed（デフォルト）：アップデートのインストールを行います

searched：アップデートの検索のみを行い、Moduleの返り値として返します

設定サンプル

```
SecurityUpdates,CriticalUpdates,UpdateRollupsカテゴリのアップデートをインストール
- win_updates:
    category_names:
      - SecurityUpdates
      - CriticalUpdates
      - UpdateRollups

SecurityUpdatesのみをインストール
- win_updates: category_names=SecurityUpdates
```

win_get_url

win_get_urlはwindows版のget_url Moduleです。

Module引数

○ **url**

ダウンロードしたいファイルのURLを指定します

○ **dest**

ファイルの保存先パスを指定します。ディレクトリを指定した場合、URLからファイル名が自動で決定されます

◎ **force**

yes：すでにファイルが存在していても、ダウンロードして上書きします

no（デフォルト）：すでにファイルが存在した場合ダウンロードしません

◎ **username**

Basic認証が必要なURLのユーザ名を指定します

◎ **password**

Basic認証が必要なURLのパスワードを指定します

設定サンプル

```
ファイルを指定ディレクトリにダウンロード
- win_get_url: url=http://path/to/file.zip dest=C:¥Users¥Administrator¥Downloads
```

win_shell

win_shellはWindows上でコマンドを実行するModuleです。

Module引数

◎ **引数なし**

記述した内容がそのままコマンドとして実行されます

◎ **chdir**

指定したディレクトリに移動してからコマンドを実行します

◎ **executable**

実行するシェルを変更します。デフォルトはpowershell.exeですが、cmdを指定するとコマンドプロンプトでの実行となります

◎ **creates**

スクリプトにより作成されるファイル名を指定します。指定されたファイルがすでに存在する場合、コマンドは実行されません

◎ **removes**

スクリプトにより削除されるファイル名を指定します。指定されたファイルが存在しない場合、コマンドは実行されません

設定サンプル

```
PowerShellでスクリプトを実行
- win_shell: C:¥script.ps1
```

win_unzip

win_unzipはWindowsでZIPファイルの解凍を行うModuleです。

Module引数

◎ **src**

ZIPファイルのパスを指定します

◎ **dest**

ZIPファイルの展開先フォルダパスを指定します

◎ **recurse**

ZIPファイルの中にZIPファイルがあった場合、再帰的に解凍を行います

◎ **rm**

yes：解凍後にZIPファイルを削除します

no（デフォルト）：解凍後にZIPファイルを削除しません

設定サンプル

```
ZIPファイルを指定ディレクトリに解凍
- win_unzip: src=C:¥path¥to¥file.zip dest=C:¥Users¥user¥foo
```

第7章

付録

本章では、Ansibleのコマンドラインオプションと、設定ファイルの書き方について解説します。

7.1 コマンドライン オプション解説

ansibleコマンドのオプションを紹介します。

- `-K`、`--ask-become-pass`

  対象ホスト上でログイン後に別ユーザの権限で操作を行うbecomeに利用するパスワードを、対話的に入力します。多くの環境では、sudoに利用するパスワード（ログインユーザ自身のパスワード）です。対象ホストでsudoにパスワード入力が必要なユーザで操作を行っており、ansible_become_pass変数が指定されていない場合に指定が必要です

- `-k`、`--ask-pass`

  対象ホストにログインするためのSSH/WinRMのパスワードを対話的に入力します。対象ホストにパスワード認証、もしくはパスワード付きSSH鍵認証でログインする際に、ansible_ssh_pass変数が設定されていない場合に指定が必要です

- `-b`、`--become`

  対象ホストでログイン後に別ユーザ権限で操作を行うかどうかを指定します。指定した場合、Playbookのすべての動作をbecomeを使用して（デフォルトはrootユーザで）実施します。指定しない場合、Playbook内で`become: yes`が指定された箇所のみbecomeを使用して操作を行います

- `--become-method`

  対象ホストでログイン後に別ユーザ権限で操作を行うbecomeに使うユーザ変更方法を指定します。sudo、su、pbrun、pfexec、doas、dzdo、ksuから選択できます。デフォルトはsudoです

- `--become-user`

  becomeを行う際に変更するユーザを指定します。デフォルトはrootです。Playbook内で`become_user: <username>`が指定された箇所では、指定されたユーザが優先されます

- `-C`、`--check`

  チェックモードでPlaybookを実行します。チェックモードでは対象ホストにいっさいの変更を行いません

◎ `-c`、`--connection`

対象ホストへの接続方法を指定します。接続方法はssh、winrm、local、dockerから指定できます。デフォルトはsshです。`ansible_connection`変数が指定されている場合、対象ホストの接続方法は変数で指定したものが優先されます

◎ `-D`、`--diff`

copy、templateなどのModuleでファイルが変更された場合、標準出力に変更結果のdiffを表示します

◎ `-e`、`--extra-vars`

追加の変数をコマンドラインから与えます。extra varsで指定した変数は、すべての変数の中で最上位の優先度を持ちます。スペース区切りの`key1=value1 key2=value2`という書式か、JSONで値を渡すことができます。`@<filename>`の形式で指定した場合、JSONかYAMLで記載した変数ファイルを読み込むことができます

◎ `--flush-cache`

Facts（対象ホストから収集したOSなどの情報）のキャッシュをクリアしてから実行します

◎ `--force-handlers`

Playbookの途中で実行に失敗した場合でもhandlerを実行します。未指定の場合、失敗したホストではhandlerを実行しません

◎ `-f`、`--forks`

同一のTaskを複数ホストに適用する際に、同時適用する最大並列数を指定します

◎ `-h`、`--help`

コマンドのヘルプを表示します

◎ `-i`、`--inventory-file`

適用対象のホストの一覧を記載したInventory fileのパスを指定します。未指定の場合、デフォルトは同一ディレクトリのhostsファイルが使用されます

◎ `-l`、`--limit`

Inventory fileに記載したホストのうち、一部のホストに適用対象を制限します。Inventoryに記載したホスト名、グループ名の指定が可能です。複数指定する場合、:（コロン）区切りで指定します

◎ `--list-hosts`

Playbookを実行せず、ホストの一覧を表示します

◎ --list-tasks

Playbookを実行せず、実行されるTaskの一覧を表示します

◎ -M、--module-path

追加で読み込むModuleの配置パスを指定します

◎ --private-key-file

SSH接続に使用する秘密鍵ファイルのパスを指定します。ansible_ssh_private_key_file変数が指定されておらず、SSH鍵認証でログインする場合には指定が必要です

◎ --scp-extra-args

SCPでリモートホストにファイルを送信するときにscpコマンドに付与する追加のオプションを指定します

◎ --sftp-extra-args

SFTPでリモートホストにファイルを送信するときにsftpコマンドに付与する追加のオプションを指定します

◎ --skip-tags

指定されたTagの付いたPlay/Task/includeをスキップします

◎ --ssh-common-args

SSH/SCP/SFTPに共通で指定する追加のコマンドラインオプションを指定します

◎ --start-at-task

指定のTaskからPlaybookを開始します。TaskはPlaybookにTaskを記述したときに指定したnameで指定します

◎ --step

Playbookを一度にすべて流さず、1Taskずつ確認しながら逐次実行します。1Taskごとに中断やスキップが可能です

◎ --syntax-check

Playbookを実行せず、書式が正しいかどうかをチェックします

◎ -t、--tags

指定されたTagの付いているPlay/Task/includeのみを実行します。--skip-tagsと同時に指定された場合、--tagsで指定したTaskの一覧から--skip-tagsで指定されたTaskを取り除いて実行します

◎ -T、--timeout

接続時のタイムアウトを変更します。デフォルトは30秒です

○ -v、--verbose

実行結果を詳細表示モードで実行します。vの数を増やすとより詳細な表示となり、最大の-vvvvまで指定すると対象ホストへの接続コマンドレベルまでの詳細なデバッグ表示を行います

○ --version

Ansibleのバージョンを表示します

7.2 config (ansible.cfg) 解説

Ansibleには設定ファイルが存在し、実行時に設定ファイルを読み込んで動作します。設定ファイルでは接続オプションや鍵ファイルの配置、Moduleの読み込みパスなどを指定できます。設定ファイルには、設定が有効な範囲別に以下の4つがあります。

・環境変数ANSIBLE_CONFIGで指定されたファイル
・ansible.cfg (Playbookの実行ディレクトリに配置)
・${HOME}/.ansible.cfg (ユーザのホームディレクトリに配置)
・/etc/ansible/ansible.cfg

上に行くほど有効範囲が狭く、設定の優先度が高くなりますが、Gitなどのソースコード管理ツールを利用している場合、基本的にはPlaybookと同じディレクトリのansible.cfgに可能な限り共通の設定を記述するのが望ましいです。Ansible実行用のユーザを固定できず、実行元によって鍵を変える必要がある場合や、ネットワーク接続が不安定で接続オプションを特定のマシンから実施するときのみ上書きしたい場合などには、ユーザ単位やシステム全体に有効なconfigを利用すると良いでしょう。

configの設定項目は多岐に渡るため、ここにはすべての設定値を記述することはできませんが、よく使いそうなオプションを抜粋して記載します。より詳しく知りたい方は、公式サイトのドキュメント[注1]を参照してください。

注1 http://docs.ansible.com/ansible/intro_configuration.html

defaults

次のように[defaults]セクションに記載するconfigです。

```
[defaults]
key = value
```

ask_pass

Trueを指定した場合、実行のたびに対話的にSSH/WinRM接続用のパスワードを問い合わせるようになります。コマンドラインで--ask-passを指定した場合と同様の動作です。デフォルトはFalseです

ask_vault_pass

Trueを指定した場合、ansible-vaultの復号パスワードを実行ごとに問い合わせるようになります。コマンドラインで--ask-vault-passを指定した場合と同様の動作です。デフォルトはFalseです

command_warnings

command Moduleでほかのモジュールの利用を推奨するコマンドが実行された場合に、Warningメッセージを表示するかどうかを指定します。Trueに設定すると、curlやwgetコマンドを実行した場合はget_urlを使用するように、rmコマンドを実行した場合はfile Moduleを使用するように、といった警告が表示されます。デフォルトはTrueです

deprecation_warnings

非推奨となった古い書式についてのWarningメッセージを表示するかどうかを指定します。Trueに設定した場合、Playbookでbecome:を使わずにsudo:を記述した場合などに警告が表示されます(sudo:はAnsible 1.8以前の書式で、1.9以降はbecome:の使用が推奨されています)。デフォルトはTrueです

display_args_to_stdout

Trueを指定した場合、Task実行時のModule引数を実行時のヘッダ行に表示します。デフォルトはFalseで、Taskにnameが指定されている場合はnameを、未指定の場合はModule名のみを表示します

display_skipped_hosts

Trueを指定した場合、--skip-tagsやwhenによってスキップされたホストを実行結果に表示します。デフォルトはTrueです

error_on_undefined_vars

Trueを指定した場合、未定義の変数にアクセスするとPlaybookが失敗するようになります。デフォルトはTrueです

executable

command Moduleをsudo環境下で実行する際の実行環境を指定します。デフォルトは/bin/bashです

force_color

TTYが利用できない環境でも強制的にcolor出力を有効化します。デフォルトはFalseです

force_handlers

Playbookの実行に失敗したホストに対してもhandlerを実行します。コマンドラインオプションで--force-handlersを指定した場合と同様の動作です。デフォルトはFalseです

forks

同一のTaskを複数ホストに適用するときに同時実行する並列数を指定します。デフォルトは5です

hash_behaviour

優先度の低い変数と高い変数で同一のkeyを持つ変数が定義された場合に、hashを上書きするかマージするかを指定します。replaceを選択した場合、優先度の低い変数はすべて上書きされます。mergeを指定した場合、hash形式の変数に限り、keyごとに重複があるかどうかをチェックして両方のkeyを含む形の変数にマージします。デフォルトはreplaceです

host_key_checking

SSH接続時のリモートホストの鍵をローカルのknown_hostsと照合してチェックするかどうかを指定します。Trueの場合、すでにknown_hostsに記述されているホストにアクセスし、鍵が不一致なら接続エラーとなります。Falseの場合、鍵の照合を行いません。Vagrantやクラウドサービス上の環境など、頻繁にVMの破棄、作りなおしをする環境ではFalseを設定しましょう。デフォルトはTrueです

inventory

Inventory fileのデフォルトのパスを指定します。デフォルトはカレントディレクトリのhostsです

log_path

設定されている場合、Playbookの実行結果を指定されたログファイルに出力します。デフォルトは未指定です

○ nocolor

1を指定した場合、カラー出力を無効化します。デフォルトは0です

○ pattern

-l オプションが未指定のときに、デフォルトでPlaybookを適用するホストのパターンを指定します。デフォルトは*（全指定）です

○ private_key_file

SSH接続時に使用する秘密鍵のパスを指定します。--private-key-file指定時と同様の動作です

○ remote_port

接続時に使用するportを指定します。デフォルトは22です

○ remote_user

対象ホストに接続するときに使用するユーザを指定します。デフォルトはrootです。rootユーザでのSSHログインが許可されていない場合はこの値を変更し、becomeを使用してrootユーザに権限を変更する必要があります

○ roles_path

追加でRoleを読み込むパスを指定します。デフォルトは未指定で、Playbookのymlが置かれているディレクトリ直下のroles/ディレクトリのみを参照します。複数指定する場合は:区切りで指定します

○ timeout

リモートホストへの接続時のタイムアウトを指定します

○ vault_password_file

ansible-vaultの復号に利用するパスワードを記載したファイルのパスを指定します。--vault-password-fileオプション指定時と同様の動作です

Privilege Escalation

リモートホストに接続後、becomeを利用して実行ユーザを変更する場合の設定です。[privilege_escalation]セクションに記述します。

```
[privilege_escalation]
key = value
```

◎ become

Trueを指定した場合、Playbookのすべての処理をbecomeを利用してbecome_userとして実行します。Falseの場合、Playbook内でbecome: Trueが指定された箇所のみbecomeを使用します。デフォルトはFalseです。--becomeオプション指定時と同様の動作です

◎ become_user

becomeでユーザを変更する際に変更するユーザ名を指定します。デフォルトはrootです

◎ become_ask_pass

Trueを指定した場合、実行ごとにbecomeでユーザ変更するためのパスワードの入力を求められます。デフォルトはFalseです。--ask-become-passオプション指定時と同様の動作です

索引 index

W

Y

か行

さ行

た行

は行

謝辞

本書の執筆にあたり、お世話になった皆様に深く御礼を申し上げます。

本書の企画・編集は、技術評論社の池本公平編集長、中田瑛人氏にご担当いただきました。初の書籍執筆ということで至らない点も数多くありましたが、根気よくお付き合いいただき、出版まで漕ぎ着けることができました。感謝いたします。

また、本書の執筆を担当することになったきっかけは、NTTコミュニケーションズの中澤大輔氏に紹介いただいたことでした。執筆開始後も、不慣れな私に執筆の計画や進め方を継続的にご指導いただいたことを感謝いたします。

そして、職場の同僚であるベアメタル開発チームの皆様におかれましては、クラウドサービスの開発を通して私に構成管理およびAnsibleの技術を実践する場を与えていただき、業務が忙しい中でも執筆作業への配慮・ご協力をいただいたことを感謝いたします。

著者紹介

山本 小太郎（やまもと こたろう）

1987年7月、静岡県生まれ。学生時代は情報理工学部で組込み系の技術を中心に学び、論理回路設計の高位言語での設計などを研究していた。

2010年にNTTコムウェア株式会社に入社。NTTのNW装置に対する設定の自動化システムやHTML 5を使用した通信状況の可視化システムの担当を経て、現在はNTTのクラウドサービスの内製開発を担当。

得意言語はRuby。近年はAnsibleをはじめとしたインフラ構築の自動化やCI/CD系の技術に興味があり、大規模なエンタープライズシステムの開発が多い社内に、自動化の技術を広める活動を行っている。

趣味はバイクとスノーボード。雪山で2回の骨折を経験するも、今年も懲りずに通っている。

カバーデザイン●本田 雅也（サン企画）
本文設計・組版●株式会社トップスタジオ
編集担当●中田 瑛人、株式会社トップスタジオ

Software Design plus シリーズ
Ansible 構成管理入門

2017年4月25日　初　版　第1刷発行

著　者　山本 小太郎
発行者　片岡　巌
発行所　株式会社技術評論社
東京都新宿区市谷左内町 21-13
電話　03-3513-6150　販売促進部
03-3513-6170　雑誌編集部
印刷／製本　日経印刷株式会社

定価はカバーに表示してあります。

ISBN978-4-7741-8885-0 C3055
Printed in Japan

■お問い合わせについて
本書の内容に関するご質問につきましては、下記の宛先までFAXまたは書面にてお送りいただくか、弊社ホームページの該当書籍コーナーからお願いいたします。お電話によるご質問、および本書に記載されている内容以外のご質問には、一切お答えできません。あらかじめご了承ください。
また、ご質問の際には「書籍名」と「該当ページ番号」、「お客様のパソコンなどの動作環境」、「お名前とご連絡先」を明記してください。

【宛先】
〒162-0846
東京都新宿区市谷左内町 21-13
株式会社技術評論社　雑誌編集部
「Ansible 構成管理入門」質問係
FAX：03-3513-6179

■技術評論社 Web サイト
http://gihyo.jp/book
お送りいただきましたご質問には、できる限り迅速にお答えするよう努力しておりますが、ご質問の内容によってはお答えするまでに、お時間をいただくこともございます。回答の期日をご指定いただいても、ご希望にお応えできかねる場合もありますので、あらかじめご了承ください。
なお、ご質問の際に記載いただいた個人情報は質問の返答以外の目的には使用いたしません。また、質問の返答後は速やかに破棄させていただきます。